LA

GUERRE SOUS-MARINE

ET LES TORPEDOS

PAR

L. G. DAUDENART

MAJOR D'ÉTAT-MAJOR

Avec 3 Planches

BRUXELLES
C. MUQUARDT, ÉDITEUR
HENRY MERZBACH, SUCCr, LIBRAIRE DE LA COUR
PARIS, J. DUMAINE
38, RUE ET PASSAGE DAUPHINE

1872

FRIEDRICH KLINCKSIECK

LIBRAIRE DE L'INSTITUT IMPÉRIAL DE FRANCE.

11, RUE DE LILLE, PARIS.

GUERRE SOUS-MARINE

ET LES TORPEDOS

35g61

TYPOGRAPHIE DE M. WEISSENBRUCH

IMPRIMEUR DU ROI

RUE DU MUSÉE, 11, A BRUXELLES

LA
GUERRE SOUS-MARINE

ET LES TORPEDOS

PAR

L. G. DAUDENART

MAJOR D'ÉTAT-MAJOR

AVEC 3 PLANCHES

BRUXELLES

C. MUQUARDT, ÉDITEUR

HENRY MERZBACH, SUCC^r, LIBRAIRE DE LA COUR

PARIS, J. DUMAINE

30, RUE ET PASSAGE DAUPHINE

1872

LA GUERRE SOUS-MARINE

ET LES TORPEDOS

C'est à Fulton que l'on doit la dénomination de torpedos, en français : torpille, attribuée de nos jours aux mines sous-marines. Fulton donna ce nom à une mine de l'espèce, de son invention, faisant explosion par le choc et qu'il destinait à la destruction des vaisseaux ennemis. Il faut chercher la raison de cette dénomination dans l'analogie d'effets que Fulton voulut voir entre la secousse violente qui accompagne l'explosion d'une mine sous-marine et la forte commotion que produit sur l'homme l'attouchement de certains poissons, dits électriques, parmi lesquels on distingue la torpille.

Les torpilles sont ou fixes, ou flottantes à demeure, ou errantes à l'aventure dans les ports et dans les baies, ou encore transportées par des bateaux de forme particulière pour être lancées contre les navires; sur terre, on les sème sous les pas de l'adversaire pour lui défendre l'approche des lieux fortifiés. Sous tous ces aspects, les mines conservent la même dénomination; de sorte que l'on donne indifféremment le nom de « Torpedos » à toute mine, soit sous-marine ou fluviatile, soit terrestre, qui ne trouve pas de dénomination précise dans la nomenclature des mines en général.

L'emploi des torpilles a pris de nos jours une extension considérable que justifie la puissance vraiment extraordinaire de cet engin. Cette puissance n'a d'autres limites, pour une charge donnée, que la résistance de l'enveloppe qui contient cette charge, et la rapidité de combustion de la poudre à canon. L'usage des poudres nouvelles et des liquides explosifs est appelé à augmenter encore cette puissance, dans des proportions vraiment effrayantes.

Dans les places maritimes surtout, la torpille s'ajoute avec avantage aux moyens ordinaires de défense, et elle assure une véritable prépondérance à celle-ci sur l'attaque; et là, où l'artillerie des forts est impuissante à briser la cuirasse derrière laquelle s'abrite l'artillerie ennemie, quelques secondes suffisent à une torpille pour anéantir l'adversaire.

Un rapide historique de ce redoutable engin nous permettra d'apprécier sa puissance.

L'époque du premier emploi des mines sous-marines est de beaucoup antérieure à celle où vivait Fulton. Déjà en 1627, l'on faisait mention d'une sorte de pétard flottant dont se servirent les Anglais, sous Buckingham, à l'attaque de La Rochelle. Ils laissaient, disent les documents du temps, dériver ce pétard jusque contre les vaisseaux ennemis où le choc leur faisait faire explosion.

En 1773, un Américain du Connecticut, nommé Buschnell, construisit un bateau plongeur, porteur d'un appareil explosif que l'on fixait à la quille des navires et qu'on enflammait au moyen d'une mèche. Le pont de cette embarcation, hermétiquement fermée (planche I, fig. 1 et 2), présentait, en saillie d'une certaine hauteur, un cylindre garni de regards dans toutes les directions, servant tout à la fois d'entrée dans l'embarcation, et d'observatoire à l'homme chargé de sa conduite. Une soupape, qui se manœuvrait avec le pied, servait d'introduction à la quantité d'eau nécessaire à l'immersion du bateau, à une profondeur accusée constamment par un manomètre. Deux vis, manœuvrées à la main et placées l'une sous l'autre, sous un angle de 45°, produisaient et réglaient le mouvement. L'une d'elles, horizontale, servait à la propulsion; l'autre produisait la descente ou l'ascension de l'embarcation équilibrée sous l'eau. Une pompe foulante, servant à expulser le liquide introduit, avait pour effet de ramener le bateau à la surface de l'eau pour le renouvellement de l'air intérieur. Enfin deux bras en cuir, à terminaisons digitales et imper-

méables, permettaient de manœuvrer extérieurement le torpedos, habituellement placé sur un
bout-dehors, et de le fixer aux flancs du navire
ennemi par une vis en saillie sur cet appareil.
Buschnell se proposait de détruire la flotte anglaise au moyen de son système de mine, mais
des difficultés de détails firent échouer les essais
entrepris à cet effet.

Après Buschnell, Fulton s'occupa du même
objet. Il construisit, en 1801, un bateau plongeur
analogue à celui de Buschnell, et qu'il appela
« Nautilus » ; la propulsion et la direction s'obte-
naient par le mouvement de deux hélices horizontales et parallèles. Une vis verticale faisait
descendre et monter l'embarcation dans le milieu
liquide. Fulton se rendit à Brest avec son bateau
torpedos ; il plongea, resta quatre heures sous
l'eau et reparut avec son embarcation à 5 lieues
de son point d'immersion. Dans la rade de Brest,
il détruisit une chaloupe qui s'y trouvait à l'ancre :
A la distance de 200 mètres, il lança sous l'eau
son torpedos contre cette chaloupe qui sauta en
l'air, au bout d'un quart d'heure, au milieu d'une
colonne d'eau de plus de 100 pieds de hauteur.
Le torpedos de Fulton consistait en une boîte de
cuivre pouvant contenir de 80 à 100 livres de
poudre ; cette boîte était armée d'une platine de
fusil, qui pouvait faire feu à un moment donné ;
le tout était attaché à l'extrémité d'une corde,
longue de 60 pieds, que l'on passait sur une
poulie fixée contre le flanc du petit navire portant

la torpille. Pour attaquer et faire sauter une embarcation ennemie, Fulton attachait une sorte de harpon à l'extrémité de la corde qui flottait sur l'eau et, en même temps qu'il dirigeait son bateau contre le navire objectif, il lançait le harpon et le fixait ainsi dans sa carène. Le torpedos, cédant à l'impulsion donnée, venait se placer sous les flancs du navire et, au bout d'un temps déterminé, mesuré par un mouvement d'horlogerie, la détente d'une platine de fusil devenait libre et l'explosion se produisait. Quelquefois la torpille était lancée contre les bâtiments à l'ancre : le mouvement du courant devait alors suffire pour l'attirer contre eux ; d'autres fois enfin, on plongeait la torpille à 12 ou 14 pieds au-dessous de la surface de l'eau, en l'armant d'une détente qui devait, au moindre choc, partir et enflammer la poudre.

Napoléon Ier favorisa les premiers essais de Fulton ; mais bientôt, fatigué de la lenteur avec laquelle se faisaient les expériences, il cessa d'ajouter foi à l'importance des inventions sous-marines et finit par les déclarer impraticables. Fulton se tourna alors vers le gouvernement britannique. Le 15 octobre 1807, en présence du ministre Pitt et de ses collègues, il fit sauter, à l'aide de ses torpilles, un vieux brick danois, du port de 200 tonneaux, amarré, à cet effet, dans la rade de Walmer. La torpille contenait 170 liv. de poudre. Un quart d'heure après la fixation du harpon, la charge éclata et partagea en deux le brick, dont il ne resta, au bout d'une minute, que quelques fragments flottant à la surface de l'eau. Malgré ce succès, Fulton échoua auprès du gouvernement britannique, qui ne pouvait s'intéresser à une invention dont la réussite devait annuler sur mer toute suprématie. Fulton, découragé, partit pour l'Amérique, où il s'occupa exclusivement de la navigation par la vapeur.

D'après ce que nous avons dit, les torpedos se divisent en deux grandes catégories :

1ª Les torpedos mobiles et dirigeables, dits : « bateaux-torpedos » ; 2ª les torpedos fixes, dormants ou flottants à demeure, ou errants sans guide à l'aventure. Afin de ne pas avoir à passer à tout instant d'une classe de ces engins à l'autre, dans l'exposition chronologique de leur histoire, je compléterai immédiatement celle des bateaux-torpedos, pour aborder ensuite les torpedos de la 2ᵉ catégorie.

Les expériences de Fulton sur les bateaux-torpedos fixèrent l'attention de beaucoup d'inventeurs. Le général Paixhans, entre autres, fit construire, en 1811, de petits appareils qu'on lançait contre les vaisseaux ennemis au moyen d'une fusée destinée à leur imprimer mouvement et direction à la surface de l'eau. On ne parvint pas cependant à obtenir une direction suffisamment exacte avec ce nouveau genre de torpedos.

En 1855, un mécanicien russe, du nom de Bauer, imagina un bateau plongeur, d'après les principes exposés par Fulton. Au moyen de ce bateau, paraît-il, l'inventeur put rester jusque huit heures sous l'eau et s'y mouvoir dans toutes les directions. Les expériences tentées ne semblent pas néanmoins avoir produit de sérieux résultats.

Durant la guerre de sécession, on fit usage de part et d'autre de bateaux-torpedos à vapeur (planche I, fig. 3, 4 et 5), longs de 25 à 40 pieds, d'une largeur de 5 à 7 pieds, égale à la hauteur, et naviguant presqu'entièrement sous l'eau (une partie de bordage et de la cheminée seule était visible). On les appelait bateaux-cigares. Ils portaient des torpedos de 50 livres, munis de fusées à friction ou à percussion. L'explosion des torpedos ne leur causait aucun dommage, grâce à la forme de leur coque. Ils étaient montés par des hommes intrépides qui les dirigeaient vers les navires ennemis, abordaient ceux-ci, plaçaient la torpille sous leurs flancs et disparaissaient en déterminant son explosion. Ainsi furent détruits ou endommagés : l'*Housatonic*, le cuirassé *l'Ironsidez* et la frégate en bois *Minesotta*. Le bélier confédéré *Albermale* fut détruit, dans la rivière Roanoke, par une torpille amenée sous son avant, au moyen d'une simple chaloupe à vapeur fédérale. Cet exploit du lieutenant Cushing s'accomplit par une nuit obscure. Accueilli par un feu de mousqueterie formidable, cet officier lança résolûment sa chaloupe à toute vapeur; maniant luimême le levier de l'appareil percuteur, il plaça sa torpille sous le flanc du bélier et tira la détente.

Une explosion terrible retentit aussitôt et le bélier s'abîma, entraînant avec lui dans les flots la chaloupe fédérale ; mais Cushing et une partie de son équipage se sauvèrent à la nage, et, se frayant un chemin à travers les bois, ils parvinrent à rejoindre l'escadre fédérale.

On a construit aux États-Unis, pour la défense des côtes, un bateau torpedos, *La Newera*, ayant les dimensions suivantes : 75 pieds de longueur, 20 pieds de largeur et 7 pieds de profondeur.

Les bateaux-cigares américains étaient loin d'être sans défaut. On pouvait les apercevoir de loin : une partie de leur bordage s'élevait au-dessus de l'eau ; il en était de même de la cheminée. En outre, leur machine faisait un bruit considérable qui neutralisait ainsi l'avantage des attaques nocturnes. La difficulté de remédier à ce dernier défaut, à une époque où les arts mécaniques n'avaient pu atteindre le degré de perfection que nous leur voyons, engagèrent les inventeurs à pousser leurs tentatives dans une autre voie et à chercher à atteindre à distance, avec le torpedos, au lieu de vouloir le fixer à la carène des vaisseaux.

Le torpedos à hélice dit : Lupis-Whitehaed, a réalisé cette idée le premier avec assez de succès, pour être admis dans le domaine de la pratique.

Imaginé par le capitaine de frégate Lupis et construit par l'ingénieur Whitehaed, ce torpedos à hélice peut être lancé en ligne droite sous l'eau, au moyen de l'air comprimé, aussi bien de la terre ferme que du navire porte-torpedos.

Bâti en fer forgé, il revêt, dans sa partie antérieure, la forme d'un dauphin et est pourvu d'une côte verticale et deux côtes horizontales qui lui servent de flotteurs. Il porte, à son extrémité antérieure, des bras mobiles dont le choc, par un objet quelconque, détermine l'inflammation de la charge explosive ; à sa partie postérieure se trouve l'hélice propulsive et le gouvernail directeur. Un tube dans lequel le torpedos est placé pour le lancement et d'où il sort, sous l'influence de l'effort moteur, sert à lui donner la direction au moment du départ. (Fig. 12, planche I.)

Une commission, composée d'officiers autrichiens de l'artillerie et de la marine, fut chargée, en 1867 et 1868, d'examiner et d'expérimenter cet engin. Une première expérience servit à déterminer la charge. A cet effet, on attacha au flanc d'une caisse qui, par sa construction, son épaisseur, sa forme et sa profondeur d'immersion, représentait la section d'une frégate cuirassée autrichienne, une charge de 40 livres de coton-poudre renfermée dans un vase en fer, affectant la forme du torpedos et immergé à 12 pieds au-dessous de la surface de l'eau. On l'enflamma, au moyen de l'électricité, et l'explosion produisit un trou béant d'environ 100 pieds carrés.

Partant de cette donnée expérimentale, on porta la charge à 60 livres coton-poudre, afin d'avoir la certitude d'agir avec succès contre les navires cuirassés de premier ordre.

On construisit alors deux torpedos, ayant les dimensions, charge et poids suivants, savoir :

1ᵉʳ Torpedos. — Charge : 40 livres de coton-poudre, représenté par de l'étoupe ;

Longueur : 3ᵐ66 ;

Diamètre : 0ᵐ37 ;

Poids total : 280 livres.

2ᵉ Torpedos. — Charge : 60 livres de coton-poudre, représenté par de l'étoupe ;

Longueur : 4ᵐ45 ;

Diamètre : 0ᵐ42 ;

Poids total : 490 livres.

Le lancement se fit avec une force de 33 1/2 atmosphères.

Les tubes de direction avaient la même longueur que les torpedos à lancer, et leurs diamètres étaient respectivement de 0ᵐ48 et de 0ᵐ59.

Pour transporter les torpedos, on arma une chaloupe canonnière de 3ᵐᵉ classe, *le Chamois*, à laquelle on attacha le tube directeur, à la profondeur voulue. Pour lancer le torpedos, on stopait préalablement ou l'on amenait fortement le gouvernail contre le flanc du navire. Comme cible, on fit usage d'un filet de 63 mètres de longueur sur 7 mètres de hauteur, tendu au moyen de deux petites embarcations. La commission avait établi que les coups qui porteraient sur une portion déterminée de la surface du filet et ayant 0ᵐ95 de hauteur et 7ᵐ60 de longueur, seraient réputés bons touchés.

Il fut constaté, en dernière analyse, que le

nombre des touchés égalait la moitié du nombre des coups lancés; soit 50 p. c. Dans ces expériences, le but était immobile et la canonnière stopait avant d'opérer le lancement. D'autres expériences, dans lesquelles la canonnière tirait en marchant sur un but également mobile, furent moins heureuses, et elles démontrèrent qu'il fallait une très grande habitude pour atteindre le but, c'est à dire, un navire croisant dans son cours le bateau-torpedos sous un angle assez aigu.

Le mécanisme percutant, produisant l'inflammation, offrit une garantie suffisante, alors même que l'angle sous lequel le torpedos heurtait le but ne mesurait que 5°.

La perte en force motrice qu'éprouvait le torpedos chargé et non lancé, s'est élevée, en vingt-quatre heures, à 3 atmosphères seulement.

Sur le rapport favorable de la commission, le gouvernement autrichien acheta le secret de la construction du torpedos à hélice, tout en réservant aux inventeurs le droit de le vendre à d'autres gouvernements.

Le compte-rendu des expériences rapportées ci-dessus, ne donne pas de figure et ne dit pas comment l'inventeur est parvenu à produire au moyen de l'air comprimé le mouvement de rotation de l'hélice propulsive. Si l'on songe au faible diamètre du torpedos Lupis, qui doit néanmoins emporter sa machine rotative avec lui, on comprend sans peine que la transmission de l'effort moteur à l'arbre de l'hélice pour la faire tourner, doit se faire directement, c'est à dire, sans emploi encombrant de piston, de bielle et de manivelle. En un mot, la machine doit être à rotation directe. Pour donner satisfaction au lecteur, nous avons cherché à combler la lacune du compte-rendu et à faire disparaître les inconvénients reprochés au torpedos Lupis par l'ingénieur américain Ericson, savoir :

1° La déperdition rapide de la force motrice, dont une fraction très faible est seulement utilisée ;

Et 2° l'impuissance de l'appareil à maintenir sa direction primitive.

La figure 7 bis (planche I), est une coupe de la machine rotative, faite perpendiculairement à l'axe du torpedos, suivant la ligne $C\,D$ de la figure 8. La figure 8 est une coupe de la même machine par le plan longitudinal $A\,B$ de la figure 7 bis.

$a\,b\,c\,d\,e\,f\,g\,h$ (figure 8), est un cylindre annulaire en fer, représenté en $E\,E$ (figure 7 bis), et dont la surface $e\,f\,g\,h$, tournée vers l'axe de la machine, est parfaitement alésée. Ce cylindre annulaire peut communiquer en V, avec la capacité cylindrique $b\,i\,j\,d$, et constitue avec celle-ci le réservoir à air comprimé.

Le cylindre central $e\,f\,g\,h$ a ses extrémités $e\,g$, $f\,h$, parfaitement dressées de telle sorte qu'elles s'appliquent exactement sur les bases latérales de même nom. Celles-ci sont traversées en leur centre par l'arbre principal K dont les extrémités, remplissant le rôle de tourillon, sont reçues dans des boîtes coniques en laiton et sont ainsi susceptibles d'être ajustées avec la plus grande précision.

L'arbre principal porte un cylindre P en partie creux, en partie solide, qui fait corps avec lui, dans toute sa longueur. Ce cylindre est excentrique et touche la surface cylindrique $e\,f\,g\,h$, suivant une génératrice m dont la position varie avec le mouvement de rotation de l'arbre principal et de telle sorte que le cylindre P est parfaitement étanche, suivant cette génératrice variable. Ce contact intime s'obtient au moyen d'une garniture métallique n, maintenue sur la surface $e\,f\,g\,h$ par des ressorts d'acier, logés dans le cylindre P et semblables à ceux employés sur les pistons des machines alternatives. Le cylindre P touche à ses extrémités les bases du cylindre central, suivant un anneau métallique maintenu sur ces surfaces de contact par les mêmes moyens que ci-dessus. O est un orifice rectangulaire qui fait communiquer le cylindre annulaire, renfermant de l'air comprimé, avec le canal r, qui conduit cet air dans l'espace intérieur s où, pressant la surface convexe du cylindre excentrique P, il le fait tourner sur l'arbre principal, sans que le contact mobile du cylindre excentrique avec la surface $e\,f\,g\,h$ cesse un instant d'exister. T est une pièce mobile rectangulaire en fer qui descend ou monte alternativement, à chaque demi-révolution de l'arbre principal, de manière que l'extrémité inférieure de cette pièce, reste constamment en contact avec la surface convexe du cylindre P, en le suivant dans son mouvement. C'est dans cette pièce que se trouve pratiqué le canal r par lequel l'air arrive dans l'espace variable s, pour faire tourner le cylindre excentrique P.

Le mouvement de descente de la pièce t, pendant la première demi-révolution, est provoqué par la pression que l'air comprimé exerce sur la partie supérieure de cette pièce; quant à son mouvement d'ascension, il est dû à la rotation du cylindre excentrique qui oblige la pièce t à se relever dans son logement. Au moment où la garniture métallique m dépasse l'orifice U, l'air comprimé s'échappe et le cylindre excentrique dépasse le point mort, en vertu de sa vitesse acquise. Mais, comme sa surface est toujours en contact avec la partie inférieure de la pièce t, il est nécessaire de supprimer à cet instant la pression sur la tête de cette pièce t qui, sans cette précaution, arrêterait, par son frottement, le mouvement du cylindre excentrique en détruisant sa vitesse acquise au moment où elle lui est indispensable pour franchir le point mort. On arrive à ce résultat au moyen d'un appareil de fermeture des orifices O et V, qui emprunte son mouvement à la rotation de l'arbre principal lui-même.

Pendant chaque demi-révolution ascendante, la tige θ relevée (fig. 8), par le tourillon excentrique W avec lequel elle reste toujours en contact, transmet son mouvement aux bras x et y, lesquels agissant sur les pièces de fermeture des orifices O et V, retrécissent graduellement ces orifices pour enfin les fermer hermétiquement un peu avant l'arrivée du cylindre P, au point mort et au moment où l'air comprimé s'échappe par U.

Pendant chaque demi-révolution descendante la tige θ (fig. 8, 10 et 11, planche I), cédant à l'action de la pesanteur, entraîne les bras x et y et dégage ainsi, d'une part, l'orifice V, tandis que, de l'autre, elle abandonne peu à peu la plaque de fermeture de l'orifice O, laquelle tournant autour de l'axe B qui la partage en deux parties inégales j et d, s'ouvre sous l'influence de l'air comprimé agissant avec un bras de levier égal à la différence de hauteur de ces parties.

Le mouvement de rotation de l'arbre de l'hélice se trouve ainsi parfaitement assuré ; mais il faut remarquer que l'air, après avoir agi sur l'axe, s'échappe avec une vitesse d'écoulement encore très considérable, qui est perdue dans le torpedos Lupis et qu'il importe d'utiliser, tout en l'empêchant de devenir une cause de déviation de la direction imprimée au projectile par le tube de lancement, ce qui ne manquerait pas d'arriver, si la position du débouché de l'air dans l'eau était arbitraire.

Pour utiliser la vitesse de l'air qui s'écoule et assurer la direction, le tube de sortie de cet air du cylindre central se bifurque en deux parties E et N qui viennent déboucher perpendiculairement à la base extérieure du cylindre annulaire et en deux points A et P situés dans le plan équatorial de l'appareil et à égale distance de son centre. Pour obtenir ce résultat, les parois du logement de la pièce t et celle-ci sont percées, les premières d'un trou circulaire et la seconde d'une fente (fig. 8 et 9), qui donnent passage à la vapeur pendant que la glissière t monte ou descend. L'eau étant incompressible, tant que la vitesse de sortie de l'air comprimé sera supérieure à celle avec laquelle le liquide est susceptible de se déplacer, en un mot, tant que l'eau fera obstacle à la sortie de l'air, cette vitesse réagissant en sens contraire sera utilisée à la propulsion du torpedos et, comme en outre la double action se fait symétriquement à l'axe du torpedos, elle assurera la direction de celui-ci, au lieu de la déranger.

J'appelle l'attention du lecteur sur ce mode d'utilisation de la vitesse de l'air jusqu'aux dernières limites de sa détente, car elle donne la possibilité d'atteindre à des distances de beaucoup supérieures à celles auxquelles on a pu arriver avec tous les torpedos connus jusqu'à ce jour.

L'ingénieur américain Ericson, avons-nous dit, reproche au torpédos à hélice autrichien : 1° de n'utiliser qu'une très faible partie de l'air comprimé, à cause de la déperdition rapide de la vitesse; 2° de ne pas avoir, par suite, une force de projection suffisante pour atteindre les navires à grande distance et éviter ainsi d'être coulé par l'adversaire ; 3° de présenter une trop grande incertitude dans le tir contre des navires, à cause d'un manque de conservation de la direction primitive. Il propose, en conséquence, l'adoption d'un torpedos d'attaque de son invention et qui, d'après lui, fait disparaître ces inconvénients. Il se base, dans la conception et la construction de son torpedos, sur le principe suivant :

Un corps pesant, de forme régulière et d'un poids spécifique arbitraire, projeté horizontalement dans l'air, descend, dès son point de départ, en décrivant une trajectoire courbe sous l'influence de la pesanteur et de la résistance de l'air ; mais un corps, de forme régulière, que l'on projette sous la surface de l'eau ou de tout autre fluide dans une direction horizontale ou oblique, se meut en ligne droite, si son poids spécifique est égal à celui du fluide. En d'autres termes : un corps d'une densité arbitraire reste pendant tout le temps de son trajet dans l'air, sous l'influence de la force attractive de la terre, tandis qu'un corps, qui se trouve dans un liquide et dont le poids est précisément égal au poids du volume liquide qu'il déplace, se conduit comme s'il n'était pas influencé par l'attraction terrestre. Un corps semblable se meut en ligne droite dans une eau tranquille, d'un volume indéfini, jusqu'à ce que la force motrice qui le pousse en avant devienne moindre, que celle de la force de résistance du milieu ambiant.

Partant de ce principe, Ericson a cherché la solution du problème des attaques sous-marines en projetant sous l'eau un projectile oblong, rempli de matières explosibles, de même densité que le liquide, et devant éclater en heurtant un point quelconque de la coque du navire contre lequel il est lancé.

Son appareil, paraît-il, permet d'appliquer au torpedos une force motrice qu'il peut entretenir, faire varier, contrôler et régulariser, durant tout le cours de sa trajectoire rectiligne ; le dessin de cet appareil n'accompagnant pas la description sommaire qu'en donne les journaux, j'ai cherché pour la satisfaction du lecteur à le réaliser graphiquement (fig. 1 et 2, planche III et fig. 13, 14 et 15, planche I.), nous ne donnons pas l'appareil rotatif de l'hélice que nous supposons être du même système que celui que nous avons déjà décrit.

Voici comment Ericson veut réaliser sa conception : un cylindre A d'environ 6 pieds de diamètre, tournant autour d'un axe horizontal, est appliqué au navire porte-torpedos à proximité du point d'où l'engin doit être lancé. L'une des extrémités b de l'axe, extérieure au navire (fig. 1 et 2, planche III), est reçue dans un encastrement *ad hoc*, tandis que l'autre extrémité perçant en c la membrure, entre dans une chambre *pqrs*, dite : chambre à air. — Cette dernière extrémité est évidée et pourvue d'une ouverture radiale d au point où se termine l'évidement. Un tube t

fait de chanvre et de caout-chouc vulcanisé, de 16 millimètres de diamètre, fixé par un de ses bouts à l'extrémité évidée de l'axe, sort verticalement en *h* de la chambre à air, s'infléchit pour traverser le bordage en *l*, redescend et vient s'enrouler sur le cylindre *a*, pour s'attacher ensuite au torpedos en débouchant en *V* dans l'appareil rotatif de l'hélice propulsive. Ceci compris, si, au moyen d'une pompe mue par la vapeur, on introduit de l'air dans la chambre *pqrs*, et si on le comprime, cet air passera par l'orifice *d*, parcourra le tube en caout-chouc enroulé sur le cylindre, pénétrera dans le torpedos, et, agissant sur l'appareil rotatif qui fait mouvoir l'hélice, il produira un mouvement de rotation dont la vitesse se règlera en interceptant plus ou moins l'ouverture radiale *d*. L'expérience démontre que la rotation du cylindre *a*, produite par la marche en avant du torpedos, ne gêne pas le passage de l'air comprimé dans le tube, ni par conséquent la force motrice employée. Avec un tube d'un demi-pouce de diamètre, on peut développer une pression, correspondante à l'action de 10 chevaux vapeur, en un point quelconque de la course du torpedos.

L'épaisseur du revêtement extérieur du mécanisme propulseur et de celui de la charge, n'est pas uniforme ; elle est réglée de manière à produire l'effet d'un lest en maintenant le projectile dans une position stable. Outre des appendices latéraux qui servent à déterminer la profondeur d'immersion, il porte un balancier vertical qui lui sert de gouvernail. Comme la circonférence du cylindre a un développement de 20 pieds, il suffit que le tube à air s'enroule 75 fois autour de la surface cylindrique *a*, pour rendre possible une attaque à 1,500 pieds, distance que l'on peut augmenter *ad libitum*, mais que l'auteur considère comme suffisante. Le torpedos lancé peut dans sa course être dirigé et changer de direction par le moyen suivant: Avant d'arriver au tuyau d'entrée dans la machine rotative qui commande l'hélice, le tube transmetteur de la force motrice s'épanouit en un sac élastique (fig. 13, 14 et 15, planche I), fixé au balancier-gouvernail *h* et dont le gonflement varie avec la pression de l'air dans le tube. Le balancier-gouvernail est formé d'une tige verticale, courbée à sa partie supérieure deux fois à angle droit, la première fois, d'avant en arrière dans le plan vertical médian longitudinal du torpedos et, la seconde fois, perpendiculairement à ce plan. — Il porte à sa partie inférieure un segment de cercle *pqr*, qui lors du mouvement de rotation du balancier autour du point *s*, dépasse plus ou moins latéralement le fond circulaire du torpedos et augmente ainsi la surface de ce fond, soit vers la droite, soit vers la gauche, ce qui a pour effet de modifier la direction suivie par le projectile.

Concevons que l'on comprime à trois atmosphères l'air dans le tube; le sac élastique se gonflera et prendra un certain volume correspondant *m m*. Plaçons la tige du balancier dans le plan vertical médian longitudinal de l'appareil et donnons à sa partie doublement courbée une longueur telle que son extrémité *u* puisse être directement attachée au sac, gonflé à trois atmosphères, sans rien changer à la position de ce sac et à celle de la tige du balancier. Ceci posé, portons à quatre atmosphères la pression de l'air dans le tube. Qu'en résultera-t-il? Évidemment le volume du sac augmentera, deviendra *n n* et sa paroi poussera, vers la droite l'extrémité supérieure du balancier, d'une certaine quantité dépendante de la résistance des parois du sac au gonflement.

Nous pouvons donc régler cette résistance de telle sorte qu'elle corresponde à une déviation de 20° à tribord. Ceci fait, abaissons la pression de l'air à deux atmosphères. Dès lors, le sac se dégonflera, prendra la position *v v* et entraînant avec lui l'extrémité du balancier, il se produira une déviation à babord que l'expérience démontre être aussi de 20°. Il est facile de voir que, du navire même, l'attaquant pourra à volonté, en faisant varier la pression dans le tube conducteur de la force motrice, modifier la direction de son torpedos à chaque instant de son parcours sous l'eau. En fait, il n'existe pas, d'après l'auteur, de disposition mécanique qui soit plus sûre, et, en opérant dans une eau tranquille, on pourra observer, au moyen de lunettes d'approche, les mouvements du torpedos, en suivant la marche des bulles d'air qui viennent constamment crever à la surface de l'eau.

Dans d'autres conditions, on pourra observer le cours du torpedos en y fixant un petit flotteur au moyen d'une ficelle. Pendant la nuit il faudrait attacher au flotteur une matière qui, en se comburant, ne pût être aperçue du navire attaqué. Celui qui sera chargé de la direction du torpedos pourra ainsi contrôler et régler à chaque instant la voie suivie par lui. Il va de soi que l'explosion du torpedos fait cesser la communication de celui-ci avec le tube, lequel est ensuite rentré au moyen de la rotation inverse du cylindre. Si le torpedos avait manqué son but, on fermerait la communication de la chambre à air avec le tube et on rentrerait le torpedos afin de le lancer de nouveau.

L'emploi du torpedos Ericson est forcément limité par la longueur du tube qui transmet la force motrice. D'après l'auteur, si les Italiens en avaient fait usage à Lissa, l'issue du combat eut été tout autre, et dans la défense maritime, il n'y a pas de surveillance qui puisse sauver de sa perte un navire qui s'approcherait d'une côte protégée par de semblables torpedos. Les frégates cuirassées anglaises « Hercule » et « Rupert » avec leurs puissants blindages, seraient aussi facilement détruites que le navire non-cuirassé « l'Inconstant ».

En 1869, le capitaine John Harvey et le commodore Frédéric Harvey, son neveu, tous deux de la marine Royale anglaise, construisirent un torpedos dirigeable qui paraît éminemment pratique. Le principe sur lequel se base la construction de ce torpedos est celui d'un engin connu des pêcheurs sous le nom de « Loutre ». Le Loutre (planche I, fig. 6 et 7), est une planchette rectangulaire plombée sur l'un de ses côtés, de façon à prendre dans l'eau une position verticale. Deux lignes sont fixées à cette planchette : l'une sur le côté, l'autre au centre de la surface rectangulaire. Grâce à cette disposition, l'appareil tient le milieu de la rivière et reste à peu près à la hauteur du pêcheur qui le traîne à la remorque, en suivant la rive. Tel est le principe du torpedos Harvey. Ce torpedos consiste en une caisse longue, étroite, recouverte de fer, et dont l'une des faces étroites porte un flotteur en liège ; à l'intérieur de la caisse se trouve une boîte métallique contenant la charge explosible. Un orifice à la partie supérieure de la boîte est destiné à recevoir un tube en métal rempli de fulminate. La percussion est produite par un système de leviers qui fonctionnent dès que le torpedos arrive en contact avec le flanc du navire attaqué. Le vaisseau qui doit se servir du torpedos le remorque à l'aide d'un cordage de 70 brasses de longueur. Une ligne de côté, système du loutre, fait monter la caisse à la surface de l'eau dès que le bâtiment se met en mouvement ; pour éviter le danger des explosions prématurées, l'appareil percuteur est maintenu par une broche que l'on retire au moyen d'une ligne, au moment opportun.

Le torpedos Harvey fut soumis à l'expérience en 1868, en présence de la Commission anglaise

des obstacles flottants, et le commodore Harvey
fit sauter un navire hors d'usage et qui fut réduit
en fragments. Ce résultat motiva de la part de la
commission un rapport en faveur de nouvelles
expériences destinées à préciser la valeur tactique
de ce nouvel engin. Ces expériences eurent lieu
au commencement de février 1870. Le remor-
queur « le Camel » fut mis à la disposition du
commodore Harvey et ce bâtiment servit au capitaine Boys, de « l'Excellent », pour conduire les
épreuves officielles.

Le « Royal Sovereign », vaisseau à tourelles
converti, fut désigné pour jouer le rôle de bâtiment ennemi et pour supporter l'action des torpilles non chargées à poudre. Le « Camel » avait
donc pour mission d'amener ses torpilles en contact avec le « Royal Sovereign », tandis que celui-
ci devait manœuvrer de façon à éviter le contact.
Les torpilles étaient munies du percuteur et de
la capsule, mais sans charge de poudre. La per-
foration de la capsule devait suffire pour rendre
le résultat sensible.

Dans la première expérience, le « Royal Sovereign » resta à l'ancre ; on employa des torpilles
de 76 livres, remorquées par le « Camel » sous
un angle de 45° avec 50 brasses de ligne et une
vitesse de 7 à 8 nœuds.

L'attaque fut répétée 8 fois et la torpille ne
manqua jamais de toucher le navire ennemi.
selon la direction donnée à l'engin, la quille fut
atteinte à babord, à tribord et à des profondeurs

variables jusqu'à 16 pieds. Les tourelles du
« Royal Sovereign » étaient garnies de canon-
niers et un feu bien nourri fut dirigé contre le
« Camel », pour permettre d'apprécier le dommage que ce vaisseau aurait eu à supporter. On
acquit ainsi la certitude que le vaisseau d'attaque
n'aurait guère essuyé que deux coups avant le
moment de la collision. Le « Royal Sovereign »
ayant ensuite levé l'ancre, six attaques furent
dirigées contre lui par le « Camel », qui filait 10
à 11 nœuds, deux de plus que son adversaire et
qui remorquait des torpilles de 76 livres sous
l'angle de 45° avec 50 brasses de ligne. Le
« Royal Sovereign » fit les plus grands efforts,
exécuta les manœuvres les plus variées pour se
soustraire aux atteintes du torpedos, mais il ne
put y parvenir : malgré la grande habilité de son
commandant le capitaine Thills, les torpilles frap-
pèrent le navire dans diverses directions et à des
profondeurs variables jusqu'à 16 pieds. Deux fois
elles l'atteignirent à la ligne de quille ; le nombre
de coups que les tourelles adressèrent au « Camel »
pendant ces attaques varia de deux à douze. Dans
un seul cas, le contact de la torpille ne put être
obtenu par suite de l'insuffisance de rapidité avec
laquelle la ligne fut manœuvrée. Une dernière
expérience fut faite et avec succès, pour démontrer que dans le cas du passage inopiné d'un vaisseau ami, il est facile de manœuvrer la ligne de
remorque de façon à lui éviter le contact de la
torpille.

Comme confirmation de l'utilité pratique du torpedos Harvey, nous ajouterons que le gouvernement russe a fait au constructeur une commande de 20 de ces engins.

Il est à remarquer que les divers torpedos que nous venons d'examiner ont un inconvénient majeur qui est commun à l'espèce : ils attaquent en laissant à découvert et exposé à l'action de l'artillerie ennemie, le vaisseau qui les lance ou qui les remorque. Leur emploi exclusif ne changera donc rien à ce qui existe maintenant. Plus que jamais il faudra des cuirasses pour s'abriter et des canons à grande puissance pour les détruire.

Il y a loin de l'idée qui domine l'attaque à distance par les torpedos à celle qui veut mettre l'assaillant à l'abri de toute atteinte au moyen du bateau-plongeur. Aussi la navigation sous-marine un instant délaissée a été de nos jours l'objet de nouvelles, de sérieuses tentatives qui, sans résoudre d'une manière définitive la question, lui ont néanmoins fait faire un grand pas en avant.

« En 1863, le contre-amiral Bourgois fit lancer un bateau-plongeur qui laissa bien loin derrière lui tous ceux de ses devanciers. Son moteur est l'air comprimé. La forme est celle d'un cigare légèrement aplati sur le 1/3 de sa circonférence ; il mesure une longueur de 44 mètres ; son arrière est évidé de manière à contenir une hélice, un gouvernail vertical et deux gouvernails horizontaux qui servent, suivant l'inclinaison qu'on leur donne, à faciliter l'immersion du bateau ou son retour à la surface.

» Intérieurement, on remarque une cursive allant de l'avant à l'arrière et divisant ainsi le bateau en deux parties qui renferment, la première, une machine à air comprimé, de 80 chevaux; la seconde, de vastes réservoirs en forme de tubes dans lesquels l'air est comprimé à 12 atmosphères. Immédiatement au-dessous de ces compartiments tubulaires, on en a placé d'autres pour recevoir l'eau qui sert de lest au bateau et aide à son immersion. Pour chasser cette eau et rendre au bâtiment sa légèreté, il suffit de mettre ces tubes en communication avec ceux qui contiennent l'air comprimé. Ajoutons que le plongeur est doué en outre d'un mécanisme particulier à l'aide duquel sa carapace supérieure peut se détacher et du même coup se transformer en canot de sauvetage pour l'équipage, lequel est de douze hommes.

» Lancé en mai 1863, ce bâtiment devint aussitôt l'objet d'une série d'expériences qui s'exécutèrent sur la Charente, dans le bassin de Rochefort et en pleine mer, sous la direction de MM. Bourgois et Brun. Ces expériences ont permis de constater que la construction du navire ne laissait rien à désirer et que tout avait été prévu. Restait la question de stabilité, d'équilibre entre deux eaux. Celle-ci n'a malheureusement pas donné les résultats qu'on espérait et M. Bourgois a dû reprendre ses études dans ce sens[1]. »

[1] *Merveilles de la science*; FIGUIER.

Il faut cependant remarquer que lorsque le plongeur marchait à compartiments vides d'eau, et conséquemment à la surface, il ne dépassait celle-ci que d'un pied, se confondant ainsi à distance avec la mer et échappant au regard, et que, par un gros temps, les lames passaient par dessus, en lui laissant une stabilité telle que la promenade s'y faisait à l'intérieur, aussi facilement, aussi commodément qu'en terre ferme.

En 1864, un Américain, M. Winan, a lancé sur la Tamise un bateau, long de 78 mètres, ayant tout à fait la forme du plongeur. A chacune de ses extrémités, est une hélice : celle de l'arrière pour refouler l'eau ; celle de l'avant pour l'attirer et s'y visser en quelque sorte. Son inventeur assure qu'il se comporte très bien à la mer, soit que la vague déferle sur sa carapace, comme sur celle d'une baleine, soit qu'il saute par dessus comme un marsouin. Nous donnons ci-après la description d'un bateau-cigare commandé à M. Winan par le Yacht-Club de Saint-Pétersbourg et qui résume tous les progrès réalisés jusqu'à ce jour dans ce genre de construction.

« C'est un cylindre en tôle d'acier dont le renflement du milieu se diminue progressivement en deux extrémités effilées. La longueur est de 78^{m}00, et la section transversale a 4^{m}88 de diamètre ; la coque presque immergée, est surmontée à la partie supérieure d'un pont, d'où sortent les deux cheminées et deux mats en tôle en télescope, destinés seulement à faire flotter le pavillon ; il

ressemble sur l'eau à un steamer ordinaire porté
sur le dos de quelque cétacé fantastique.

» L'intérieur, divisé en vingt compartiments
étanches, est éclairé par une ceinture de hublots
et ventillé par un appareil qui reçoit son mouvement de la machine; l'herméticité est complète,
car le bateau devant se trouver tantôt au-dessus,
tantôt au-dessous des vagues, l'air ne peut être
introduit que de cette manière. Les chambres et
salons, dans cette sorte de tunnel, sont élégam-
ment décorés. La cale reçoit un lest suffisant pour
rétablir la stabilité compromise par la tendance
au roulis propre à la forme ronde; de plus, une
forte bande de fer tient lieu de quille; à l'avant et
à l'arrière, près des hélices, sont deux gouvernails en tôle, manœuvrés par un système de
chaînes et de poulies aboutissant au milieu du
pont où est placée la roue.

» Les machines à haute pression ont trois cylindres et sont alimentées par quatre chaudières,
placées immédiatement au-dessous; elles sont
calculées pour produire une force possible de
2,000 chevaux, mais elles ne doivent cependant
fonctionner ordinairement qu'à 1,500 ou 1,800
chevaux. Un quatrième cylindre a été ajouté pour
mettre en mouvement un contre-poids-pendule en
plomb, pesant 2,000 kilogrammes, et destiné à
contre-balancer la tendance au roulement provenant des machines en fonctionnement.

» Les deux grandes hélices aux extrémités ont
7ᵐ60 de diamètre : elles sont à 9 lames d'acier;

quatre intermédiaires, plus petites que les autres, doivent rester complètement plongées dans l'eau, tandis que les grandes tournent à moitié émergées. Cette installation singulière a un certain rapprochement avec la turbinelle Busson, qui, placée à l'avant, divise l'eau en la faisant passer plus rapidement à l'arrière.

» Les ancres sont simplement de gros cylindres en fonte, pesant chacun 1,000 kilogrammes, se logeant dans une capacité tubulaire placée sous la coque, d'où ils peuvent, au moyen d'un cabestan particulier, être remontés ; on présume que la coque doit opposer une résistance si minime à l'eau qu'il suffit d'un poids descendu sur le fond pour assurer la stabilité.

» Participant du bateau plongeur et du navire ordinaire, il n'est que peu soumis à la résistance qu'oppose le vent contraire en agissant sur la coque et le gréement qui est ici insignifiant.

» La proportion de la longueur à la largeur, double de celle en usage, a été adoptée par suite d'expériences faites par l'inventeur, dans lesquelles elle a été portée jusqu'à trente fois. L'allongement, avec diminution successive de la section transversale que représente le fuseau, est la forme qui convient le mieux à la rapidité, car les filets fluides infléchis se détachent des flancs en laissant un remous qui est une cause de perte de force vive.

» L'affinement des formes amoindrit le gonflement produit à l'avant par l'affluence du liquide

et la difficulté qu'il éprouve à remplir le vide fait
à l'arrière; de plus, les surfaces polies diminuent
de beaucoup l'entraînement latéral que subit un
corps en mouvement dans l'eau; c'est dans ce but
que le doublage en cuivre est cloué aux flancs des
navires en bois; des recherches, faites par M. Winan, pour s'assurer du frottement de l'eau sur
des surfaces de différents polis, lui ont indiqué la
tôle d'acier comme la plus propre à assurer les
meilleurs résultats[1]. »

La théorie de la mécanique du navire a été l'objet de recherches et d'études complexes sur cette
machine qui constitue le bateau-cigare, où toutes
les conditions se réunissent pour accroître sa rapidité; mais cette question, où abonde une mul-
tiplicité d'éléments divers, demande à être résolue
par l'expérience sans laquelle elle devient incer-
taine et trompeuse.

Me voici au terme de la série des tentatives qui
ont été faites en vue d'améliorer ou de faire pro-
gresser les moyens maritimes d'attaque. En présence des résultats si remarquables déjà obtenus,
on peut se demander si nous ne sommes pas à la
veille d'une révolution radicale dans l'art de la
tactique navale; si la torpille n'est pas appelée à
terminer la lutte gigantesque à laquelle se livrent
depuis si longtemps et l'artillerie à grande puissance, et la cuirasse des monitors, et l'éperon des
béliers; si, enfin, comme le troisième larron de la

[1] *La Science pour tous;* 1866, p. 145.

fable, la torpille ne va pas s'approprier une supériorité que se disputent vainement ces redoutables engins de destruction, en gaspillant sans succès positifs, sans supériorité bien caractérisée, des ressources et des richesses immenses.

La réponse à cette demande ne me paraît pas douteuse et la navigation sous-marine est appelée, dans un avenir peu éloigné, à résoudre victorieusement cette question. Déjà, dans l'état actuel de la science, la navigation sous-marine est capable d'assurer en général, tant sur les côtes qu'en pleine mer, la supériorité d'attaque au torpedos.

Que faut-il en effet pour cela?

Trois choses :

1° Trouver un moteur qui permette de disparaître sous l'eau sans difficulté, de s'y mouvoir facilement et rapidement dans une direction quelconque et qui donne les moyens d'y respirer avec la même facilité que dans l'air;

2° Ne faire aucun bruit; cacher complétement sa présence dans l'élément liquide, ou, tout au moins, ne point donner prise à une attaque par le choc ou par l'artillerie ennemie;

3° Savoir assez bien se diriger vers l'objectif ennemi, alors même qu'on ne l'aperçoit plus, pour s'en approcher, à distance convenable et lui lancer le torpedos avec quasi certitude de l'atteindre.

Voyons dans quelle mesure on peut de nos jours satisfaire à toutes ces exigences.

Disons d'abord que, dans ses conditions ordinaires de production, la vapeur seule ne saurait donner un bon moteur sous-marin. Le fait d'emprunter, comme agent de combustion, l'oxygène à l'air atmosphérique, sera toujours, dans sa réalisation, un sérieux obstacle à la solution complète du problème de la navigation sous-marine. Il sera toujours impossible de mettre à contribution, sous la surface des eaux, l'air atmosphérique, sans quelqu'appareil qui décèle plus ou moins à l'ennemi l'emplacement du vaisseau immergé. Il est vrai qu'on peut brûler le combustible au moyen d'oxygène provenant de la décomposition de quelque corps cédant facilement ce gaz, et que, par suite, on peut produire la vapeur d'eau sans emprunt fait à l'atmosphère ; mais, dans ce cas, la vapeur rentre dans la catégorie de ce que j'appellerai « les nouveaux moteurs » et dont je vais immédiatement m'occuper.

Si la vapeur est toujours le moteur par excellence, le moteur universel, ce n'est point que la découverte de moteurs aussi puissants ait fait défaut, mais uniquement parce que l'emploi de ce moteur réalise des conditions de facilité, de simplicité et d'économie, dont l'industrie en général ne peut se départir. La machine à acide carbonique, la machine à ammoniaque et maintes autres, qui empruntent leur énergie motrice à des réactions chimiques indépendantes de l'air atmosphérique, sont certainement capables de produire une force comparable, en puissance, à celle de la vapeur. Ces nouveaux moteurs possèdent encore le précieux avantage de ne rien demander à l'air atmosphérique et de se trouver conséquemment en mesure de défier, lors de leur action sous l'eau, l'œil de l'observateur interrogeant la mer. Mais ils rachètent cette qualité par des inconvénients aussi nombreux que graves. Si le moteur est un gaz permanent, non susceptible d'être produit au fur et à mesure des besoins, comme l'air atmosphérique par exemple, l'espace manque pour l'emmagasiner, sous pression, en quantité capable de répondre aux exigences d'une opération maritime de quelque durée. Si c'est un gaz issu d'une matière solide, sous une influence physique ou chimique, il est le plus souvent dangereux dans son maniement, difficilement régularisable dans son action; sa préparation est coûteuse, et les moyens de le remplacer font défaut à la guerre. On trouve partout de l'eau et de l'air et presque partout du combustible, quelqu'il soit d'ailleurs; mais il n'en est plus ainsi lorsqu'il s'agit d'acide carbonique solide, d'ammoniaque liquide, de sulfure de carbone, d'éther, etc., etc.

Eu égard aux accidents de toute nature qui peuvent surgir en mer et entraîner, en tout ou en partie, la perte, la destruction de l'agent moteur, ou en empêcher la révivification, il faut absolument que la matière qui l'engendre soit aussi commune que l'eau, l'air, ou un combustible quelconque. Or, on ne connaît pas de corps susceptible de produire une grande force mécanique qui jouisse de cette précieuse qualité.

En présence de l'impossibilité actuelle de remplacer la vapeur par un moteur unique, capable à tous les points de vue de rivaliser avec elle, à la surface de la mer, et de répondre en outre aux exigences de la navigation sous-marine, on arrive à se poser cette question : L'alliance de deux moteurs, dont l'un serait la vapeur, ne peut-elle donner ce que nous demandons vainement à un moteur unique? Il ne faut pas y songer long-temps pour répondre affirmativement à cette question.

Tant que la nécessité de disparaître sous l'eau n'est pas commandée par les circonstances, il y aurait évidemment folie à se priver des avantages nombreux et importants que procure la vapeur. Or, celle-ci servira non seulement à la navigation ordinaire, tant que l'ennemi ne sera pas en vue, et fera ainsi l'économie d'un moteur de production moins facile et plus coûteuse, mais elle donnera en outre l'immense avantage, si l'on fait usage de l'air comprimé comme moteur sous-marin, de permettre, chaque fois que cela sera nécessaire, même et surtout en pleine mer, d'emmagasiner l'air atmosphérique en quantité suffisante aux besoins de la respiration humaine ainsi qu'aux exigences d'une attaque sous-marine, entamée seulement à l'instant où l'adversaire aura été signalé par la vigie. Dans ce cas, l'emploi de la vapeur neutralise l'inconvénient que comporte l'air comprimé, envisagé comme moteur unique, inconvénient qui consiste dans l'impossibilité d'em-magasiner cet air, sous pression, en quantité suffisante pour servir aux opérations maritimes de longue durée.

Évidemment, la solution du problème de la navigation sous-marine restreinte, bien entendu, à la condition de faire du torpedos l'engin d'attaque maritime par excellence, est tout entière dans l'alliance de la vapeur et de l'air comprimé, puisque l'emmagasinement de cet air peut se faire au moyen de la vapeur elle-même, alors que le navire plongeur se meut à la surface de la mer. La question de temps se trouve ainsi écartée, ou tout au moins, elle ne dépend plus que de la quantité de combustible que le navire peut emporter. A ce point de vue, la navigation sous-marine rentre dans les conditions de la navigation ordinaire.

L'alliance de la vapeur et de l'air comprimé élude donc, de la manière la plus heureuse, la difficulté, pour ne pas dire l'impossibilité de découvrir un moteur *unique*, également applicable à la navigation sous-marine et à la navigation ordinaire.

Il importe, dans la question qui nous occupe, que l'attaque sous-marine soit entamée à l'insu de l'adversaire; il faut donc se ménager la possibilité, la certitude d'apercevoir l'ennemi, avant d'être reconnu par lui. Cette condition essentielle peut être remplie comme suit :

Au tirage par la cheminée, on substituera le tirage par ventilateur, ce qui entraînera la suppression de cette cheminée toujours visible de très loin ; au lieu de houille, on brûlera de l'huile de pétrole, comme cela se fait déjà pour quelques locomotives, ce qui permettra, par une disposition particulière de la grille à combustion, d'obtenir une fumivorité complète, ainsi que l'ont démontré les expériences exécutées par M. Saint-Claire Deville ; donc, suppression de la fumée toujours visible de loin.

Bien que sous vapeur, le bateau plongeur marchera immédiatement sous la surface de l'eau, ne laissant apercevoir au-dessus de celle-ci que la saillie, d'un pied de hauteur, d'un cylindre observatoire hermétiquement fermé, d'où le veilleur de quart explore tous les points de l'horizon. Il est clair que, dans ces conditions, celui-ci pourra constater, le premier et sans être vu, l'apparition d'un navire à l'horizon. A ce moment, l'écoulement de l'huile combustible est arrêté, et l'air comprimé substitué à la vapeur. En même temps, le veilleur de quart prend, au moyen de la boussole, la déclinaison du navire ennemi ; les cloisons, jusque là ouvertes, sont fermées, et le bateau plongeur s'enfonce pour marcher ensuite dans la direction relevée.

Dans cette course, on devra certainement s'assurer plusieurs fois de la position de l'adversaire et rectifier la première direction. Il suffira pour cela de remonter l'embarcation à la hauteur nécessaire pour dégager l'observatoire du sein des eaux, de viser le navire objectif et de disparaître aussitôt, l'angle de direction obtenu.

On pourrait objecter contre l'emploi de l'huile de pétrole les inconvénients de son mode de transport dans des barils et surtout le danger permanent d'incendie. Mais ce mode de transport est destiné à disparaître bientôt en ce qui concerne la marine. L'année dernière, la question a été résolue par un navire belge qui a chargé à Philadelphie exclusivement de l'huile de pétrole, dans des compartiments étanches de 25 mètres cubes de capacité, lesquels ont parfaitement résisté durant une traversée de près de deux mois et par une mer presque constamment agitée et souvent tempêtueuse. Ainsi isolée de tout contact dangereux et puisée directement à ses réservoirs, l'huile de pétrole ne présente plus, dans son transport et dans son emploi sur le navire comme combustible, ni inconvénient, ni danger d'explosion.

Il me reste à parler du mode d'attaque à employer contre l'adversaire. Évidemment, il ne saurait plus consister aujourd'hui à se glisser sous ses flancs pour y fixer la torpille et en déterminer l'explosion, comme le faisaient Buschnell et Fulton. Une pareille opération contre un navire en mouvement sera toujours peu praticable et extrêmement périlleuse. Il faut aujourd'hui s'approcher de l'ennemi, sans en être vu, et à une distance (200 à 300 pieds) qui fasse disparaître tous les inconvénients que nous avons reconnus au tir des torpedos mobiles et dirigeables et lancer alors, sous l'eau, avec certitude d'atteindre, soit le torpedos Ericson, soit le torpedos Lupis-Witheaed, soit tout autre du même genre.

A cet égard, je pense qu'au lieu de lancer le torpedos au moyen d'une hélice que fait mouvoir l'air comprimé, par l'intermédiaire d'une machine rotative toujours compliquée, alors même que la rotation s'obtient directement, il serait peut-être préférable et, en tout cas, plus simple et avec moins de perte de force motrice, de faire agir l'air comprimé sur le projectile, sans aucun intermédiaire, en forçant cet air à prendre son point d'appui sur le milieu liquide dans lequel se meut le torpedos, ainsi que je l'ai fait pour utiliser l'air comprimé qui, après avoir fait tourner l'hélice de l'appareil (fig. 8, planche I), s'échappe avec une pression encore très considérable ; la figure 3, planche III, réalise cette idée :

$A\,O\,B\,D\,F\,E\,C\,A$, partie du torpedos contenant la charge d'explosion.

$H\,G$, tube en cuivre percé de trous, sur une longueur $I\,G$.

$C\,E\,F\,D$, cavité cylindrique annulaire communiquant par les trous avec le tube $H\,G$.

K, tube en caout-chouc conduisant l'air comprimé dans le tube $H\,G$ du torpedos.

L'air comprimé emplit le tube $H\,G$, passe dans la cavité $C\,E\,F\,D$ et vient frapper, avec une grande vitesse, l'eau dans l'espace annulaire $C\,D\,N\,L$. Ce liquide, étant incompressible, l'air ne peut s'échapper qu'en déplaçant le torpedos, auquel il transmet toute la vitesse dont il est animé.

Il est manifeste que, dans les conditions d'attaque sous-marine que je viens d'énumérer, le mode préconisé offre de grandes chances de réussite, sans que l'opération soit en elle-même plus dangereuse que telle autre en usage à la guerre.

On ne peut se dissimuler toutefois que la solution ainsi obtenue du problème des attaques sous-marines, laisse encore à désirer et qu'un pas décisif vers une solution parfaite ne saurait se faire qu'à la condition de trouver les moyens : 1° de se diriger, sous l'eau, sur un navire quelconque, mobile à sa surface, *sans devoir remonter à l'air libre;* 2° d'explorer toute la surface d'une mer, même agitée, avec assez de perfection pour y déceler la présence des navires apparus à l'horizon, *postérieurement* à la disparition du bateau-plongeur.

Voici comment je propose d'obtenir ce désidératum. (Planche II, fig. 1 à 12). Le bateau plongeur, avons-nous dit, est muni en son centre d'un cylindre observatoire XY (fig. 1) dépassant d'un pied sa carapace et ayant une capacité telle, qu'elle permette au veilleur d'explorer avec facilité tous les points de l'horizon. Les parois verticales de ce cylindre se prolongent dans l'intérieur du bateau; elles ont une longueur totale de 1^m50 et offrent à leur partie inférieure un rebord annulaire horizontal et intérieur *b* (fig. 1) de 0^m20. C'est à ce rebord que se trouve fixé un pareil oscillatoire, du système dit de Cardan, analogue à celui dont on fait usage sur les navires pour obtenir l'horizontalité de la boussole. Le cercle mobile *a* (fig. 1) de cet appareil est traversé, en son centre, par une tige creuse en cuivre *b* qui fait corps avec lui, et qui, s'élevant jusqu'au couvercle de l'observatoire, le traverse et le dépasse d'une longueur que l'on peut faire varier à volonté, mais qui ne doit pas être supérieure à deux mètres.

Au-dessous du cercle mobile *a*, qui se maintient toujours horizontal, est fixé à la tige creuse *b* un cylindre en cuivre *d* dont une section *p. q.* supporte un chariot étroit et rectangulaire *e* (fig. 1, 3, 4, 5), qu'une roue dentée *f* (fig. 3 et 5), fait mouvoir horizontalement et de manière à amener successivement toutes les parties d'une bande rectangulaire de papier *g*, formant la surface supérieure de ce chariot, au-dessous et en regard d'une lentille biconvexe *h* portée par un tube de cuivre *i*, (fig. 2, 3, 4). Celui-ci est le prolongement de la tige ou tube central *b* recourbé deux fois à angle droit. Au sommet de ce tube central, ainsi qu'aux points où il s'infléchit à angle droit sont placés des miroirs *k. l. m.* (fig. 1 et 3) inclinés à 45° sur l'axe du tube, de telle sorte qu'un objet refléchi suivant cet axe par le miroir supérieur *k* que je nommerai miroir principal, l'est successivement par les autres, et vient se peindre sur le papier qui recouvre le chariot mobile dont il a été question ci-dessus.

Le tube central est complexe : il est formé de trois tubes dont les deux intérieurs sont mobiles ; le plus étroit peut glisser à frottement doux sur l'intermédiaire et celui-ci, emportant toujours l'autre avec lui, peut à son tour se mouvoir sur la surface intérieure du tube extérieur b (fig. 1); ce dernier sert à relier entr'elles toutes les parties de l'appareil. Le tube intermédiaire porte le miroir l et le tube intérieur le miroir k. Afin de rendre possible ces mouvements de rotation, le système des deux tubes intérieurs, ne fait que toucher en $n. n.$ (fig. 1 et 3), la partie coudée de ces tubes, qui reste fixe.

La section $p. q.$ (fig. 1) du cylindre en cuivre se compose de deux parties : l'une fixe αβγδελρνπφω (fig. 2) qui supporte : 1° le chariot e avec l'appareil d'horlogerie M (fig. 5) qui sert à faire mouvoir ce chariot par l'intermédiaire de la roue f; 2° un système circulaire de miroirs φ et de lentilles z (fig. 2, 4 et 5); l'autre mobile $r. s. t. u.$ (fig. 4) constitue une boîte annulaire dont la charnière est en $v x$ (fig. 2) et qui s'ouvre de haut en bas. Dans cette boîte (fig. 7) se trouve une bande circulaire de papier y, placée à la distance de foyer principal d'un système de lentilles égales z (fig. 2) distribuées en cercle, sur la base du cylindre, en regard et au-dessous d'autant de miroirs φ inclinés à 45° sur l'axe du timbre central. (Fig. 4 et 5). Ces miroirs φ sont à la hauteur du miroir l (fig. 3) avec lequel ils arrivent successivement en conjonction, lorsqu'on fait tourner le tube intermédiaire et par suite le tube intérieur porteur du miroir k.

On comprend par ce qui vient d'être dit :

1° que le miroir supérieur h du tube central, restant fixe, on peut obtenir sur le papier du chariot l'image des objets que ce miroir réfléchit dans l'intérieur du tube; 2° que si l'on fait mouvoir de 180° le tube intérieur et par suite le miroir h seul, on obtiendra également sur ce papier l'image des objets qui se trouvent dans une direction diamétralement opposée à la première; 3° que si on fait mouvoir le tube intermédiaire qui emporte avec lui les miroirs h et l de manière à mettre successivement le miroir l en regard des miroirs φ, on arrivera ainsi à posséder sur la bande de papier annulaire, l'image des objets qui, des différents points de l'horizon, se seront réfléchis sur le système de miroirs φ distribués en cercle.

Le bateau étant supposé immergé, concevons que l'appareil qui vient d'être décrit soit disposé de telle sorte que le plan médian vertical et longitudinal de ce bateau passe par une ligne tracée sur le papier g que porte le chariot, et divisant la largeur de cette bande en deux parties égales. Il est clair dès lors, que si le miroir principal h est tournée vers la proue, et dépasse quelque peu la surface des eaux, tout objet placé devant lui au niveau de la mer, se réfléchira dans ce miroir et viendra se peindre sur le papier du chariot, où, sa position relativement à la ligne qui s'y trouve tracée et que j'appellerai directrice, indiquera s'il est à droite ou à gauche de la direction que suit le bateau plongeur, ou bien dans cette direction elle-même.

Qu'à un moment quelconque, on veuille savoir si quelque vaisseau se trouve dans la direction opposée, il suffira de tourner le miroir principal k de 180° et la présence ou l'absence d'une image sur le papier du chariot fera connaître si un navire se trouve ou ne se trouve pas dans la direction observée. S'il s'agit enfin d'explorer la mer dans toutes les directions, il suffira encore de mettre en action un appareil d'horlogerie H (fig. 1) imprimant au tube intermédiaire et par suite aux miroirs l et k qu'il emporte avec lui, un mouvement de rotation uniformément discontinu, qui amène successivement ces miroirs en relation avec chacun des miroirs φ et il est clair que la présence d'un navire à l'horizon sera décelée quelque part par son image sur le papier annulaire y que renferme la boîte (fig. 7).

Tout cela est théoriquement exact, mais la pratique ferait bien vite ressortir les inconvénients de ce mode d'observation. L'image en effet, eu égard à l'éloignement des objets et à la petitesse des lentilles employées, sera excessivement petite, et il sera bien difficile de la distinguer de celle toujours changeante des vagues de la mer. En outre, comme le tube ne peut dépasser que de très peu la surface des eaux, condition nécessaire pour qu'il se confonde à distance avec celles-ci et ne soit pas aperçu, il est clair que, pour peu que la mer, sans être grosse, soit mouvementée, le miroir k et l'objet en vue ne pourront se mettre en relation que pendant des instants très courts, pouvant ne pas dépasser une demi-seconde, et que dès lors, l'apparition de l'image étant aussi courte que peu perceptible, elle échappera le plus souvent à l'observateur. Celui-ci d'ailleurs, se trouvera d'autant plus embarrassé de faire usage des indications surprises qu'elles ne laisseront aucune trace après elles. Il faudrait donc pour réussir, rendre l'image instantanément saisissable, très perceptible et permanente. Eh bien, la photographie est en mesure de satisfaire à ces conditions.

Aux papiers ordinaires qui couvrent et le chariot et la boîte annulaire à charnière, substituons des glaces collodionnées instantanément impressionnables ; donnons à la roue motrice f au moyen du mouvement d'horlogerie M la vitesse de 1 (un) tour par seconde ; munissons-là de deux dents (fig. 3, 10), qui, pendant la 1re moitié de chaque seconde, fassent avancer le chariot et par suite la glace collodionnée d'une certaine longueur, nécessaire à l'exposition photographique, et le laissent en repos pendant l'autre moitié, laquelle se trouvera ainsi consacrée à cette exposition. Pour séparer les temps d'action de la lumière et produire des alternatives d'obscurité et de clarté, profitons du mouvement de l'axe de la roue f pour produire au moyen d'un excentrique ψ (fig. 5 et 10) fixé à cet axe, le mouvement de va et vient vertical d'une tige T qui, au moyen d'un écran θ intercepte la lumière pendant la marche du chariot, ce qui est indispensable si l'on ne veut pas produire la confusion dans les indications de la glace photographique. Enfin, attachons extérieurement en w (fig. 2 et 3) au tube porteur de la lentille h, un récipient o rempli d'un liquide développateur qui, imbibant constamment un pinceau a' en contact avec la glace collodionnée dans toute sa largeur, mette ce pinceau à même de révéler, au passage et instantanément, l'impression recueillie par la glace collodionnée. Il est clair que ces modifications effectuées, l'appareil sera capable de fournir une indication, par seconde, et que pour qu'elle ait lieu, il aura suffi que, dans l'espace, et quelque soit l'état de la mer, le miroir h se soit trouvé, un seul instant, en regard de l'objet que l'on veut observer.

La photographie sera d'autant plus à même de fournir de bonnes indications, que les difficultés inhérentes à la reproduction des teintes les plus délicates et qu'elle ne surmonte qu'aux dépens de la rapidité d'impression et de développement de l'image, n'existent pas dans le cas qui nous occupe. Plus l'image sera dure, fortement accusée, plus elle pèchera au point de vue artistique, mieux elle vaudra, car elle aura été obtenue plus rapidement, sera plus nettement accusée et par suite plus facilement perceptible.

Ainsi donc les impressions photographiques consécutives, produites sur la glace collodionnée, accuseront à chaque seconde la présence du navire ennemi, ainsi que la direction de sa marche. Dès lors, la poursuite d'un navire par un bateau sous-marin devient une opération pratique et facile.

Quant à celle qui consisterait à explorer l'horizon, au moyen du système circulaire des lentilles z, déjà décrit, elle ne présentera évidemment pas plus de difficultés et donnera des résultats aussi certains. Au moyen du mouvement d'horlogerie H (fig. 1) produisant à volonté la rotation discontinue, mais régulière, du tube intermédiaire, on mettra, à un moment quelconque, le miroir principal k, successivement en rapport avec chacun des 24 miroirs φ de l'appareil, de manière à produire pour chacun une exposition d'une seconde. Il faudra tout au plus une 1/2 minute pour parfaire cette opération. Un aide ouvrant alors la boîte (fig. 7) en extraira la glace annulaire impressionnée et la développera immédiatement. En une minute, la reconnaissance de la mer sera ainsi terminée, et elle fera connaître non seulement si des navires sont en vue, mais encore si ces navires sont des ennemis ou des amis. Il aura suffi pour cela, d'étudier à la loupe, soit le pavillon, soit la forme des vaisseaux photographiés.

Toutefois, il importe de remarquer que pour appliquer avec fruit la chambre obscure et l'action chimique de la lumière à ce nouveau genre de reconnaissance, il faut surmonter certaines difficultés produites par le mouvement des eaux, par la marche du navire lui-même, ou dues encore aux déplacements que la manœuvre de l'appareil fait subir à certaines pièces qui le composent, déplacements qui tendent à changer constamment la position du centre de gravité du système et à détruire ainsi l'horizontalité du cercle mobile *a*.

La réflexion des navires par le miroir princi-pal *h* ne peut se faire, dans de bonnes conditions, que pour autant que la tige *b* reste verticale ou à peu de chose près. La suspension à la cardan neu-tralise suffisamment les mouvements de tangage et de roulis que produisent les vagues, et les per-fectionnements, apportés récemment à ce système et qui ont produit le compas liquide (à la gly-cérine) que l'on sait doué d'une immobilité par-faite, sont susceptibles d'être appliqués ici. Donc point de difficultés à ce point de vue. Mais la por-tion de la tige creuse qui dépasse le navire, bien que d'un faible diamètre, n'en est pas moins sou-mise au choc accidentel des flots et en outre, la vitesse avec laquelle cette tige fend le milieu liquide, lorsque le bateau plongeur est en marche, tend aussi à faire dévier cette tige de la ver-ticale.

On évite ces inconvénients de la manière sui-vante   D'abord, pour pouvoir céder sans se briser ou se fausser sous le choc des vagues, la tige fait corps avec un disque de bois *c'* (fig. 1 et 8) dé-coupé dans le couvercle *d'* de l'observatoire. Un espace annulaire de 0^m04 de largeur, qui sépare le disque du couvercle, est occupé par 5 bandes de caout-chouc *f'*, assez flexibles et élastiques pour permettre au navire d'osciller, sans communiquer son mouvement au disque *c'* et par suite, à la tige *b* qui, n'obéissant dès lors qu'au mouvement du cercle mobile a de la suspension à la cardan, demeure verticale. Cette disposition permet en outre à la tige de céder, sans se briser, à tout choc imprévu, se traduisant par une trépidation de la tige, et graduellement absorbé par le caout-chouc.

Quant à l'inclinaison due à la vitesse de la marche, et que la tige tend à prendre, en sens opposé à la direction suivie, on la neutralise en partie en donnant à la portion antérieure du tube la forme d'un couteau g' (fig. 11). La neutralisation complète s'obtient d'ailleurs de la manière suivante : à la partie inférieure de l'appareil et dans la direction de son axe (fig. 1), on fixe une deuxième tige h' qui forme le prolongement de la première ; au bout de cette 2me tige, on attache un poids P capable d'empêcher l'inclinaison du tube b, sous l'influence de la vitesse de la marche, sans toutefois diminuer, dans une trop forte proportion, la sensibilité de la suspension à la cardan. On règle, en conséquence, et la longueur de cette 2me tige et les dimensions du poids P qu'elle supporte.

L'appareil, muni de toutes ses pièces à demeure, est équilibré, soit au moyen de poids, soit en augmentant dans la proportion nécessaire les parties fixes dont le poids est insuffisant. Dans cette situation l'appareil est garni de deux chariots e, e' (fig. 1, 2, 3, 4 et 5) superposés, dont le supérieur e' prend la place de l'inférieur au fur et à mesure que celui-ci s'avance sous l'influence de la roue motrice f. Dans ce mouvement le centre de gra-

I4

vité de tout le système mobile variant à chaque instant, il devient nécessaire d'opérer un mouvement correspondant de quelque pièce, dont l'effet soit de toujours replacer le centre de gravité du système sur la verticale qui passe par le centre du cercle mobile a. Cet effet régularisateur est emprunté de la manière suivante au mouvement du chariot lui-même : celui-ci porte latéralement une tige horizontale i' dont l'extrémité se meut dans une rainure courbe g', pratiquée dans la plaque k' (fig. 2, 5 et 9). Cette plaque est reliée par la barre (m') à l'axe (n') qui, par l'intermédiaire de deux roues d'angle et de trois roues dentées (fig. 6), fait tourner deux cylindres fermés p', symétriquement disposés et à demi-remplis de mercure. La courbure de la rainure g' est tracée de telle sorte que le poids du mercure déplacé ramène à chaque instant, dans sa position primitive d'équilibre, le centre de gravité dérangé par le mouvement du chariot.

Nous n'avons pas la prétention d'avoir imaginé un appareil irréprochable ; le temps nous manque pour entreprendre les expériences suivies qui seules peuvent faire arriver à un pareil résultat, et nous n'avons pas d'ailleurs qualité pour les diriger dans leur exécution. Nous avons seulement voulu démontrer, et nous pensons l'avoir fait avec la dernière évidence, que l'application de la navigation sous-marine à la guerre maritime, application considérée jusqu'à ce jour, sinon comme une utopie, tout au moins comme entourée de difficultés pratiques insurmontables, est non seulement possible, mais immédiatement réalisable, dans des conditions qui assurent au mode d'attaque que nous préconisons une supériorité incontestable sur tous ceux que met en usage la tactique maritime. Les conséquences de l'application de la navigation sous-marine à la guerre sautent aux yeux des moins clairvoyants ; il serait donc inutile et d'ailleurs trop long de les développer ici. Disons néanmoins, que cette application n'aura pas seulement pour effet de produire une révolution radicale dans l'art de la tactique navale, mais que son influence réagira encore sur la situation politique de l'Europe en supprimant toute suprématie maritime. Quelle nation pourra encore se dire « la maîtresse des mers » lorsqu'un simple bateau plongeur, invisible et insaisissable, s'attachant aux flottes réputées les plus formidables, pourra successivement en anéantir les éléments, sans distinction de force et de grandeur. Ce sera désormais aux armées de terre que les nations devront s'adresser pour y puiser les moyens de se faire respecter et de garder leur rang dans la hiérarchie des puissances.

J'aborde maintenant la deuxième catégorie des torpilles, plus spécialement affectées à la défense des côtes et des places maritimes. Pour terminer ce qui concerne Fulton qui, ainsi que nous l'avons fait voir précédemment, fit entrer le premier, d'une manière vraiment efficace, l'emploi de la torpille dans le domaine de la pratique, disons que cet ingénieur avait songé aux dangers que, la guerre terminée, présentait l'émersion des torpedos.

Pour y parer, il plaçait dans la caisse de la torpille un appareil d'horlogerie capable de fonctionner pendant un temps déterminé et qui, ce temps expiré, mettait le percuteur hors d'usage, vidait la caisse et faisait remonter le torpedos à la surface de l'eau. Quant au mode d'emploi des torpedos dans la défense des côtes, Fulton était d'avis de faire de cet engin l'élément d'une guerre de chicane, en le déplaçant souvent, afin de dérober son existence ou sa position à l'ennemi.

Après Fulton et durant une période de 40 ans environ, il ne fut plus question de torpilles. C'est en 1855, lors de la guerre de Crimée, que nous les voyons faire une nouvelle apparition en Europe, dans les eaux de Cronstadt : elles consistaient en vases coniques remplis de poudre et elles étaient de l'invention du professeur Jacobi. Profitant des découvertes scientifiques faites récemment, M. Jacobi avait relié quelques-unes de ces torpilles à la côte par des fils métalliques fixés à des batteries électriques. C'était le navire ennemi lui-même qui enflammait les autres : En abordant les torpilles, il brisait un tube contenant de l'acide sulfurique qui tombant sur du chlorate de potasse et du sucre, mettait le feu à la charge.

L'un de ces Jacobis, choqués par le vapeur

anglais « Le Merlin » qui procédait à une reconnaissance avec les amiraux Penaud et Dundas,
fonctionna avec assez de succès pour faire craindre
un instant la destruction de ce bâtiment.

En 1859, le colonel du Génie autrichien baron
Ebner défendit les accès de la ville de Venise avec
des torpedos, dont tous les points d'immersion
furent relevés au moyen de la chambre obscure.
Du rivage on enflammait ces engins au moyen
d'un courant électrique. Le système du colonel
baron Ebner n'eut pas l'occasion de faire ses
preuves, mais il est certain que c'est à son existence que l'on a dû de ne pas voir la flotte ennemie tenter une attaque sur Venise.

En 1866, le même baron Ebner élabora un
projet de défense des côtes de l'Istrie et de la Vé-
nétie au moyen de torpedos, qui possédaient la
faculté de s'enflammer, soit directement par l'action du courant électrique à simple interruption ;
soit par celui d'un courant à double interruption
et dont la fermeture finale était produite par le
choc des navires ennemis contre l'appareil flottant sous l'eau.

Pendant la guerre de la sécession, les Américains perfectionnèrent les torpilles et les employèrent sous toutes les formes.

Il peut être intéressant de faire ressortir ici la
répugnance que fit naître partout l'apparition des
mines sous-marines et leur emploi à la guerre.
Longtemps les fédéraux firent un crime aux confédérés d'avoir fait usage de pareils engins dans

la défense de leurs côtes et de leurs places maritimes. L'une des pages les plus intéressantes de l'ouvrage de M. Barmes est celle où il fait l'histoire de l'introduction des torpedos et de la lutte que la science eut à soutenir contre l'opinion, ou si l'on veut, contre le préjugé. Quels que faibles qu'aient été les résultats obtenus en 1777 par Buschnell contre la flotte anglaise qui bloquait les ports de l'Amérique, ils n'en éveillèrent pas moins l'extrême colère des Anglais. 18 ans plus tard, quand Fulton obtint, pour son torpedos, la sanction du grand premier ministre, Lord Saint-Vincent se fit l'interprète de toute la marine anglaise en déclarant que Pitt avait fait acte de sottise en encourageant une invention inutile à l'Angleterre et qui, si elle réussissait, lui enlèverait l'empire des mers.

Le même inventeur fut expulsé du cabinet d'un amiral français, avec ces paroles peu flatteuses : « Allez, Monsieur, votre invention est « bonne pour des corsaires; mais sachez que les « marins de France n'ont pas encore abandonné « la mer. »

Le commodore Rogers, ce chef de file de tant de héros maritimes, fut également l'adversaire acharné du torpedos. Quant à John Quincy Adams, esprit humain et bienveillant entre tous, il déclare que ce moyen de destruction ne convient qu'à des lâches. Tout récemment enfin, au printemps de 1864, alors qu'une triste et longue expérience avait familiarisé les Américains avec ce nouvel engin, l'amiral Ferragut croyait encore devoir s'excuser d'en avoir fait usage.

« J'ai toujours été d'avis, écrivait-il alors, que « cela est indigne d'une nation brave et chevale- « resque, mais l'emploi du torpedos comporte un « avantage incontestable et nos ennemis ne se « faisaient pas scrupule d'en user. »

Le contre-amiral Dupont manifestait à cet égard les mêmes sentiments et il les exprima jus- qu'à ses derniers moments.

Les confédérés exempts de la susceptibilité d'Adams comme des instincts généreux de Fer- ragut et de Dupont, adoptèrent les machines infer- nales sous-marines, et, il faut bien le dire, s'ils y avaient eu recours, une année plus tôt, il est possible que, par leur moyen, ils eussent prévenu la prise de leurs ports de mer.

En octobre 1862, un acte du congrès rebelle décréta que le torpedos était un engin de guerre légitime, et institua « un bureau des torpedos » à Richmond. On trouve la phrase suivante dans un de ses rapports : « Nous considérons l'emploi « des engins sous-marins comme légitime et nous « croyons de notre devoir de recommander « l'usage du torpedos, qui nous sera d'un puissant « secours, vu l'état très-limité de nos moyens de « défense. »

Nous dirons plus loin ce que furent les torpe- dos des confédérés et les engins diaboliques à l'aide desquels ils ne tardèrent pas à rendre si dangereuses et si difficiles, les approches de tous les ports du Sud.

La direction du service des torpedos était à Richmond ; ses détachements agissaient sur toute la côte. Le département des défenses sous-marines, à Charlestown, comptait plus de 50 officiers et ce sont les efforts de ces hommes, formés pour la plupart dans la marine de l'Union, qui contribuèrent puissamment à fermer les ports aux navires fédéraux, pendant un temps considérable. Le premier essai des confédérés ne fut qu'une reproduction peu perfectionnée des machines infernales flottantes employées contre les Anglais en 1778. Le progrès toutefois ne se fit pas longtemps attendre.

Les ingénieurs rebelles établirent des cordons de barils détonnants, sur toute la largeur des rivières et des canaux ; on ordonna, à cet effet, une réquisition ou plutôt une confiscation pure et simple de tous les barils répondant aux conditions du service. Les officiers, qui s'adonnèrent à cette partie de la défense, ne tardèrent pas à produire des inventions contre lesquelles toutes les ressources mécaniques et intellectuelles des fédéraux eurent de la peine à lutter.

Ils épuisèrent le catalogue entier des fusées, des fulminates et des systèmes d'ignition. Une profusion de torpedos, d'une puissance inconnue jusqu'alors, furent coulés d'une façon qui semblait devoir défier toute découverte et toute destruction.

Bien que nous ne nous occupions en ce moment, que des opérations sous-marines des confédérés, nous ne pouvons passer sous silence, une application vraiment diabolique des machines infernales.

Le torpedos qui la réalisait se nommait : « Torpedos à la houille ». Il consistait en un engin qui présentait au regard le plus investigateur, l'aspect d'un débonnaire morceau de houille, de forte dimension, du volume de ceux que l'on emploie dans les bateaux à vapeur. La ressemblance était si parfaite qu'un grand nombre de ces engins furent chargés sans défiance par les vapeurs fédéraux où, introduits dans le foyer des chaudières, ils produisent d'épouvantables explosions.

Pour la défense sous-marine, les confédérés firent d'abord usage de la torpille à percussion, fonctionnant par un choc extérieur et attendant l'ennemi au passage. Les premières furent établies à l'extrémité d'espars ou pieux, mouillés dans le courant des rivières et fixés sur leur fond. Ces engins étaient disposés de façon à ne pouvoir s'approcher de la surface de l'eau, à moins de trois pieds. La torpille elle-même était une boîte de tôle remplie de poudre. L'ignition s'effectuait à l'aide de détonateurs. Ces derniers consistaient en de petits mamelons de bronze, renfermant de la poudre fine, et entourés d'une feuille de cuivre très légère qui contenait du fulminate d'argent. Toutes ces matières inflammables à des degrés différents communiquaient entr'elles. Le moindre contact d'un corps solide avec cette capsule produisait l'ignition du fulminate qui mettait le feu à la poudre, laquelle faisait éclater la torpille. Deux canonnières fédérales en subirent les redoutables effets.

Concurremment avec les torpilles à percussion, les confédérés employèrent des torpilles reposant sur un principe à peu près semblable. Elles se composaient de 5 bouteilles de verre, contenant de la poudre et coiffées du terrible détonnateur. On les mettait dans un panier et on les mouillait un peu au-dessous de la surface de l'eau. Si faibles qu'elles dussent être, ces torpilles n'en firent pas moins sauter trois canonnières fédérales sur le Cumberland et le Tennessé.

Les Américains ont beaucoup employé sur leurs fleuves la torpille dormante, c'est à dire, reposant sur le fond et reliée au rivage par un fil électrique. Ces torpilles ne différaient pas, quant à la forme, des torpilles à détonnateurs. Elles étaient reliées par des fils de cuivre, recouverts de caoutchouc, à une batterie électrique placée à terre. La station où étaient cachés, et cette batterie et le mineur chargé de la faire agir, consistait généralement en un trou creusé dans le sol à l'abri des éclats, et protégé par de l'artillerie, lorsqu'il se trouvait dans le voisinage de l'armée.

Enfin à tous ces torpedos, il faut encore ajouter le torpedos bouée ou flottant. Cette espèce comprenait le baril et le chanteur qui détonnaient au moindre contact et qui, demeurant toujours submergés et invisibles, voyageaient au gré des eaux.

A peine en avait-on débarrassé un port, qu'il en fourmillait de nouveaux, et les eaux qui venaient d'en être purgées, avec le plus grand soin, s'en trouvaient remplies, une heure plus tard. A l'appui de cette assertion, citons le terrible désastre de Mobile, où six navires, dont deux lourds cuirassés, coulèrent sous les coups de ces ennemis invisibles, dans une baie qui venait d'être sondée et visitée quelques instants auparavant. Leur effet fut tel que l'artilleur Beauregard disait, lors de la défense de Charlestown, qu'il avait plus de confiance dans un torpedos que dans cinq des plus grands canons obusiers. Les faits suivants témoignent de la formidable puissance des torpedos et de leur efficacité dans la défense.

En 1862, une flottille fédérale remontait le Yazoo-River pour coopérer avec l'armée de Shermann. A un coude de la rivière, les marins fédéraux aperçurent une ligne de bouées douteuses, qui montraient leurs têtes au-dessus de l'eau. On s'empressa de stoper, afin de leur envoyer quelques coups de canons, de les défoncer ou de les mettre en dérive. Mais pendant que l'on se préparait à cette opération et que les navires allaient de ci de là, sans avancer, on vit tout à coup le cuirassé « le Cairo » qui faisait partie de l'expédition, s'enfoncer dans les eaux et disparaître. Les bouées n'étaient qu'un épouvantail destiné à retenir les fédéraux aux points où se trouvaient placées les vraies torpilles, et à donner le temps de les faire éclater à ceux qui étaient chargés de ce soin.

En 1864, une seule torpille fit sauter le monitor fédéral « Tecumseh » qui tenait la tête de la colonne fédérale commandée par l'amiral Ferragut, et entrée de vive force dans les passes de mobile. Si cet intrépide marin, jouant le tout pour le tout, put parvenir à franchir presqu'impunément la ligne des torpilles vers laquelle il gouverna avec une audace calculée, c'est qu'il avait compté sur une avarie probable de ces redoutables machines, causée par un trop long séjour sous l'eau, présomption qui en effet se vérifia.

En 1855, à l'attaque du fort espagnol, les canonnières : Milwankie, Osage, Laura, Eda, Yberville, Blossons, Rever, Scotia et le n° 48, furent détruites par des torpilles mouillées aux approches de cet ouvrage.

Dans la flotte fédérale seulement, on n'a pas compté moins de 31 bâtiments victimes des mines sous-marines des confédérés.

Lors de la guerre du Schleswig-Holstein, les Danois ont fait usage d'un torpedos qui mérite d'être cité, à cause de cette particularité que c'est à l'eau dans laquelle il était plongé, que l'on confiait le soin de produire l'explosion. Ces torpilles destinées à prévenir un débarquement dans l'Alsen Sund, consistaient en bouteilles de verre chargées de 20 livres de poudre et renfermées dans des caisses en bois. Un tube de verre recourbé à son extrémité inférieure et ouverte, sortait d'un bouchon fermant la bouteille et recouvert de cire et d'asphalte. Au fond du tube 3 à 4 morceaux de potassium flottaient immergés dans de l'huile de pétrole ou de naphte. Un sachet en caoutchouc rempli de matières très inflammables était assujetti à la partie inférieure du tube et reposait sur la charge avec laquelle il communiquait par plusieurs ouvertures. Au moindre choc le tube se brisait, l'eau rencontrait le potassium, se décomposait, et l'élévation de température résultant de l'oxidation du potassium enflammait l'huile de pétrole, déterminait la combustion des matières inflammables et, par suite, l'explosion. Les Austro-Prussiens n'ayant fait aucune tentative de débarquement dans la partie de l'Alsen-Sund ainsi défendue, on n'a pu préciser le degré d'efficacité de ce nouveau mode d'inflammation.

Nous sommes arrivés à la fin de l'exposé historique des torpedos, se rattachant directement aux événements militaires qui, depuis la réapparition de ces engins en Amérique, ont ensanglanté les deux continents.

Nous allons maintenant nous occuper de la technie de cet engin, de ses propriétés, de son emploi dans la défense maritime et préciser la portée de sa valeur tactique.

Les torpedos sont de deux genres : 1° ceux qui font explosion uniquement et directement par le choc des navires.

Leur effet se produit par l'intermédiaire d'amorces fulminantes ou de tubes de verre remplis d'acide, lesquels, en se brisant, déterminent l'inflammation de la charge. Ces torpedos sont automatiques et se nomment « choque-torpedos ».

2° Ceux que l'on fait éclater lorsqu'un navire arrive dans leur sphère d'explosion. L'amorce de ces tropedos fait partie d'un circuit métallique isolé dont les extrémités aboutissent à une station placée sur le rivage ; l'inflammation se produit en mettant ces extrémités en communication avec les pôles d'une pile en activité et établie dans cette station, à l'abri de toute atteinte ; c'est ce qu'on appelle fermer le courant électrique. Ils prennent le nom de « Electro-Torpedos ».

Les électro-torpedos comportent deux espèces distinctes :

A. *Torpedos à simple interruption*. L'interruption a lieu aux abords de la pile ; l'inflammation se produit au moment où les extrémités du fil sont mises en communication avec la pile. Ils conservent le nom d'Electro-Torpedos.

B. *Torpedos à double interruption*. Éclatant au moment où le choc d'un navire, ferme, d'une part, le circuit interrompu dans la fusée elle-même, alors que, d'autre part, les extrémités du fil électrique sont mis en communication avec la pile placée en lieu sûr. Ils prennent le nom « *d'électro-choque-torpedos*. »

Les choque-torpedos présentent le grand avantage d'éclater à point nommé. Ils ont les inconvénients suivants :

1° L'opération de leur immersion est très dangereuse. Les tubes à acide se brisent assez facilement par les chocs qui se produisent inévitablement dans cette opération.

2° Ils doivent être placés très près les uns des autres, si l'on veut prévenir, le passage, sans explosion, des navires qui tenteraient de les franchir.

3° Les torpedos à amorce fulminante sont difficiles à régler : ou l'amorce s'enflamme trop facilement et alors le choc des corps légers, des vagues même, peut les faire éclater ; ou bien, l'amorce n'est pas assez sensible et un navire, marchant à petite vitesse, peut traverser leur ligne sans produire l'explosion.

4° Ils sont un obstacle à la navigation des vaisseaux amis qui, lorsque les rades et les fleuves doivent rester ouverts, sont ainsi exposés à sauter et à couler bas.

5° Une fois placés, ils échappent à tout contrôle ayant pour but de s'assurer s'ils sont toujours dans de bonnes conditions.

6° L'ennemi peut s'en débarrasser en les pêchant ou en les faisant éclater prématurément au moyen de radeaux, de bouts-dehors, de corps flottants, etc., etc.

Les inconvénients que nous venons de signaler obligent de n'employer les choques-torpedos que dans les parties de la rade ou du fleuve, qui se trouvent en dehors de la passe ouverte à la navigation.

Les électro-torpedos, toujours assez profondément immergés pour ne pas être heurtés par les navires, ne sont sujets à aucun des inconvénients reprochés aux choques-torpedos. On peut aussi les faire éclater à point nommé, mais il faut pour cela pouvoir déterminer l'instant précis du passage d'un navire au-dessus du torpedos immergé. En outre, ces torpedos ne peuvent réussir qu'à la condition, pour l'observateur, de pouvoir constamment suivre du regard le navire que l'on veut détruire.

Je vais entrer à ce sujet dans des détails descriptifs, qui feront ressortir la vérité de ces assertions.

Le torpedos électrique à simple interruption comprend trois parties : la fusée, la charge et la caisse, ainsi que les objets nécessaires pour l'ajustement intérieur et extérieur des connexions électriques et des conducteurs, qui donnent à l'opérateur un contrôle complet sur la mine. L'inflammation de la fusée repose sur ce fait bien connu que, lorsqu'un courant électrique rencontre dans son trajet une substance faisant partie d'un circuit d'une conductibilité moindre que celle du circuit lui-même, il y a en ce point élévation de température due à l'accumulation d'un fluide électrique à plus grande tension, ou plus exactement, due à la transformation en chaleur d'une certaine quantité de mouvement et, par suite, inflammation de la fusée, lorsque celle-ci forme elle-même la substance dont il s'agit.

La fusée Abel, du nom de son inventeur, est de toutes, celle qui réunit le mieux les conditions requises d'instantanéité d'inflammation et de facilité de contrôle. Elle est composée comme suit :

64 parties de sous-sulfure de cuivre ;
22   »   de chlorate de potasse ;
14   »   de sous-phosphure de cuivre.

L'extrême facilité avec laquelle, sous les moindres influences, le chlorate de potasse détonne en abandonnant son oxigène et l'avidité du sous-sulfure et du sous-phosphure de cuivre pour cet agent d'oxidation déterminent, lors de la fermeture du courant, une réaction chimique instantanée des plus énergiques, une élévation subite et intense de température, qui met le feu à la poudre et produit l'explosion.

La fusée comprend deux parties :

1° La tête de bois A ;
2° Le canal de la fusée B.

La tête de bois est pyriforme (fig. 8, planche III) et percée de part en part, suivant son axe, d'un trou cylindrique bouché, sur les 9/10 de sa longueur, au moyen d'une broche c de même forme. Dans l'intérieur de cette broche et parallèlement à l'axe se trouvent deux fils métalliques $a\ b$, séparés, l'un de l'autre, par un intervalle de 0^m001 et parfaitement isolés au moyen de caoutchouc. A la partie inférieure de la broche, ces fils, légèrement en saillie, se recourbent l'un vers l'autre, et leurs extrémités sont reliées par une portion L de la composition fulminante, de la valeur de 1/4 à 1/3 de grain.

Les fils métalliques formant le circuit et issus, l'un E, du rivage, et l'autre F, du torpedos immergé, entrent dans la tête de bois en J et I et viennent se mettre en communication avec une armature K, joignant les fils métalliques a, b. C'est de cette manière que l'amorce L est placée dans le courant que doit traverser l'électricité.

Le canal de la fusée est un tube de bois B, rempli de pulvérin, et dont l'une des extrémités s'engage dans le vide L, laissé dans la tête de bois par la broche, de telle sorte que l'amorce L se trouve ainsi noyée dans le pulvérin et l'enflamme au passage du courant d'électricité.

Nous verrons plus loin, à propos des conditions auxquelles doivent satisfaire les parties constituantes des torpilles et des expériences qui ont été faites pour la fixation de la charge dans les différents cas, ce que doit être cette charge.

Plusieurs procédés ont été proposés pour déterminer l'instant précis où les navires entrent dans la sphère d'action des torpedos électriques. Le meilleur, sans contredit, est celui du capitaine Maury. Il consiste à établir deux observateurs dans les batteries qui protégent les extrémités du barrage et à donner à chacun d'eux l'appareil d'observation décrit ci-après :

Au centre d'une plaque circulaire horizontale $A\,B$ (fig. 5, planche III) formée d'une substance non-conductrice de l'électricité, s'élève verticalement un arbre cylindrique en métal C, mobile autour de son axe D et portant à sa partie supérieure une lunette E télescopique d'exploration et horizontale, munie d'un reticule à fil vertical. Sur cette plaque se trouvent tracés divers diamètres 1, 1. 2, 2. 3, 3. 4, 4. 5, 5. dont les plans verticaux, prolongés suffisamment, passent par les points d'immersion des torpilles coulées dans la rade.

A chaque station X, tous les fils électriques, issus des torpilles A^1, A^2, A^3, A^4, A^5, d'une part, et tous les fils correspondants qui relient cette station à l'autre Y d'autre part, viennent aboutir deux à deux, en des points 1, 1. 2, 2. 3, 3. 4, 4. 5, 5. opposés de la plaque circulaire non-conductrice et placés aux extrémités des diamètres que nous venons de considérer. Que faut-il dès lors pour fermer à une station le circuit relatif à un torpedos quelconque? Il suffit évidemment de mettre en communication les extrémités des fils qui, partant de ce torpedos et de l'autre station, aboutissent aux extrémités du diamètre qui leur convient, sur la plaque non-conductrice. A cet effet, un diamètre ou alidade $G\,H$ métallique, en cuivre, parallèle à l'axe de la lunette et situé dans le plan vertical de cet axe, fait corps avec l'arbre vertical qui l'emporte avec lui en tournant. Dans ce mouvement de rotation, l'alidade se maintient à la distance constante de 0^m01 de la plaque non-conductrice.

Chacune des extrémités de ce diamètre porte un appendice m ou n métallique, maintenu par un ressort à boudin et glissant à frottement doux sur la plaque non-conductrice. Ces appendices *m* et *n* ferment le circuit, lorsqu'ils viennent en contact simultanément avec les extrémités des fils qui correspondent à un même diamètre; ce qui a lieu, lorsque l'alidade se trouve immédiatement au-dessus de ce diamètre.

Supposons maintenant qu'un navire ennemi soit en vue et qu'il veuille franchir la ligne de torpedos reliés aux deux stations par le circuit électrique. Les observateurs n'auront qu'une chose à faire : suivre avec attention un même point du navire, le mât central par exemple, avec le fil vertical de leur lunette télescopique et, dans ces conditions, dès que le navire arrivera dans la sphère d'action d'un quelconque des torpedos, celui-ci fera explosion, puisque pour lui, à cet instant, la fermeture du courant aura lieu simultanément aux deux stations.

Ce moyen est rigoureusement exact, mais, dans la pratique, il comporte certains inconvénients :

1° Il exige, de la part des observateurs, une attention continue qui devient bien fatiguante et difficile à soutenir;

2° Il n'est pas d'application efficace par un brouillard intense ou lorsque les navires s'environnent d'un épais nuage de fumée;

3° On ne peut l'employer la nuit sans l'éclairage électrique qui naturellement éveille la défiance des navires ennemis, en leur révélant le danger.

En raison de ces désavantages on a préféré

dans divers pays, et notamment chez nous, les électro-choque-torpedos à double interruption.

Ces torpedos réunissent les avantages des choque-torpedos et des électro-torpedos. Ils sont en outre inoffensifs tant que les extrémités des conducteurs ne sont pas en contact avec les pôles de la pile. Il suffit de les immerger à 6 ou 7 pieds sous le niveau des eaux pour que les corps flottants puissent les franchir sans les toucher, tandis que les navires ne peuvent les éviter.

Nous donnons ci-après la description de l'électro-choque-torpedos belge du colonel Carette (fig. 6 et 7, planche III).

Ce torpedos comprend quatre parties principales :

1° Le bouclier ;

2° L'appareil de transmission du choc ;

3° Le récipient conique, comprenant la chambre à air et le logement de la charge ;

4° La boîte à poudre.

La charge est renfermée dans un sac en caoutchouc C, introduit dans une boîte à poudre D, de forme conique et en tôle de fer.

Le récipient est un cône circulaire de 1^{m}50 de hauteur, de 0^{m}50 de diamètre de base et de 0^{m}007 à 0^{m}008 d'épaisseur de tôle. La boîte à poudre occupe le fond de ce récipient, c'est à dire le sommet du cône qui, dans sa position d'immersion, est renversé. Ce cône est fermé vers sa pointe par un bouchon, sur lequel on a coulé du mastic pour obtenir une fermeture hermétique. La chambre à air E, qui occupe la partie supérieure du cône renversé, a 0^m70 de hauteur et est fermée par un couvercle en tôle F, séparé du rebord G, sur lequel il s'appuie, par une rondelle de caout-chouc. Ce couvercle porte une tubulure H, de 0^m20 de diamètre et de 0^m20 de saillie extérieure et intérieure. C'est dans cette tubulure que se trouve assujetti l'appareil transmetteur du choc que reçoit le bouclier. Celui-ci est formé de poutrelles en fer (fig. 6) de 0^m04 d'équarrissage, affectant ensemble la forme d'un hexagone régulier de 0^m60 de côté, dont les rayons prolongés forment autant de bouts-dehors, de 0^m30 de saillie, et qui sont soutenus par des arcs-boutants en fer prenant leur appui sur un axe de même métal, perpendiculaire au bouclier dont il forme la tige T. A 0^m30 du bouclier, cet axe porte un genou I, un ronflement sphérique maintenu par deux coquilles K, attachées au sommet de la tubulure.

Un tenon o, faisant corps avec l'une de ces coquilles et pénétrant dans le genou, empêche la rotation de la tige sous l'influence du choc. Une coiffe L, en caout-chouc, s'oppose à l'introduction de l'eau entre le renflement sphérique et les coquilles qui le soutiennent. La tige T du bouclier, se continuant au delà du genou jusqu'à l'extrémité inférieure de la tubulure, est maintenue dans l'axe de celle-ci et à une hauteur variable à volonté, par deux rondelles superposées m, n en caout-chouc, faisant ressort, et que l'on peut bander *ad libitum* par le resserrement des écrous qui les fixent l'une contre l'autre. La partie inférieure de la tige porte une rondelle en caout-chouc V, revêtue d'un anneau de cuivre P et séparée par un espace annulaire vide de 0^m01, d'une autre rondelle Q, également revêtue de cuivre, et qui tapisse la surface intérieure de l'extrémité inférieure de la tubulure.

Dans ces conditions, lorsque le bouclier reçoit un choc, la partie inférieure de la tige s'écarte de la verticale et opère le contact de la partie cuivrée de sa rondelle avec le cuivre de la rondelle qui revêt l'extrémité inférieure de la tubulure. Si donc, un des fils conducteurs, aboutissant d'une part à la pile, est attaché d'autre part au cuivre de l'une des rondelles et si le deuxième fil conducteur, venant aussi de la pile et passant par l'amorce placée dans le circuit, arrive au cuivre de l'autre rondelle, il y aura fermeture du courant lorsque les rondelles viendront en contact. Le poids de ce torpedos, y compris la boîte à poudre et sans la charge, est de 200 kilogrammes. Le volume d'eau, déplacé par l'appareil immergé, est de 420 litres. Ce torpedos porte au sommet du cône un anneau en fer W, d'une grande solidité, auquel on attache un cordage qui, passant dans la gorge d'une poulie maintenue sous l'eau, aboutit au rivage. La chape de cette poulie est fixée à une chaîne qui, se bifurquant dans l'eau, va prendre ses points d'appui à deux corps morts fixés au fond du fleuve.

Bien que préférables aux autres torpedos, les

électro-choque-torpedos ne sont cependant pas sans inconvénients.

Leur établissement présente de grandes difficultés dans les rades et dans les fleuves soumis à l'action des marées et jusqu'à ce jour, on n'est pas parvenu, d'une manière satisfaisante, à les maintenir en toute circonstance à la même profondeur au-dessous du niveau de l'eau.

On a bien proposé de les fixer au moyen d'une tige oblique à un corps flottant qui monte et descend avec la marée, mais outre que ce corps flottant fait connaître l'existence et l'emplacement des torpilles, il suffit de le détruire à distance à coups de canon pour que le torpedos coule à fond ou aille à la dérive.

Dans le torpedos Carette, la poulie qui fait partie du système d'amarrage a pour objet de permettre de manœuvrer le torpedos, de la rive, au moyen d'un cordage glissant sur la gorge de cette poulie et de faire ainsi monter ou descendre à volonté le torpedos, suivant le mouvement du flux ou du reflux. Mais cette manœuvre n'est guère possible dans un fleuve à fond de vase et de sable ; non seulement les corps morts s'enfonceront dans le lit du fleuve, mais dans les barrages formés de torpilles, les cordes, les chaînes et les conducteurs qui mettent ces torpedos en communication avec la pile s'enchevêtreront les uns dans les autres et rendront la manœuvre non seulement illusoire, mais nuisible à la défense.

Le moyen le plus sûr d'éviter ce grave inconvénient, dit le colonel Brialmont, serait de renoncer à la manœuvre des bouées et d'adopter la disposition suivante :

1° Deux rangées de torpedos, en quinconce, établis à 15 mètres l'un de l'autre et fixés à des corps morts, au moyen de cordes d'une longueur telle que la force ascensionnelle des bouées et le courant les maintiennent à 5 ou 6 pieds sous le niveau de la marée basse.

2° Deux rangées de torpedos établis de la même manière et maintenus à 5 ou 6 pieds sous la marée moyenne.

3° Deux rangées de torpedos semblables et semblablement disposés et maintenus à la même profondeur sous la marée haute.

Dans ces conditions aucun navire ne pourrait franchir la passe sans faire éclater les mines d'une des trois rangées. Mais, à marée basse, les torpedos des 2° et 3° rangées flotteraient sur l'eau et pourraient, dès lors, être détruits à coups de canon.

Cet inconvénient, toutefois, n'est pas aussi grave qu'il semble l'être à première vue : en effet, lorsqu'une flotte devra brusquer l'entrée d'une rade ou d'un fleuve défendu par une grande masse d'artillerie, elle attendra d'ordinaire la nuit ou un temps brumeux. Dès lors elle ne pourra pas voir de loin, ni par conséquent détruire les torpedos flottants, et ceux-ci éclateront au choc des navires, si l'on a affaire à des torpedos à bouclier ou à tout autre dont le mécanisme soit assez sensible, pour que l'amorce prenne feu, de quelque manière que la bouée soit frappée. Toutefois, l'effet sera moins désastreux, puisque la rupture du bordage aura lieu non plus au-dessous, mais au-dessus de la ligne de flottaison.

Les électro-choque-torpedos peuvent, comme les choque-torpedos, être pêchés au moyen de gros filets attachés à deux corps d'arbres disposés en croix et fixés à la proue des navires. Ce moyen fut employé avec succès par l'amiral Dahlgren, dans la rade de Charlestown, où les torpedos étaient maintenus par des ancres trop faibles.

Nous avons dit précédemment que le système du capitaine Maury permet de faire passer à travers les conducteurs du circuit et les connexions internes de la fusée, des courants d'intensité suffisante, pour révéler l'intégrité de chaque connexion, et qu'il donne la faculté de télégraphier d'une station à l'autre à travers la mine sous-marine.

Les instruments les mieux appropriés, tant pour éprouver les mines que pour télégraphier, sont les petits télégraphes magnéto-alphabétiques portatifs de Wheatstone. Ces instruments n'exigent pas de batterie; ils sont toujours prêts pour un service immédiat, sans préparatifs préalables; ils sont simples, faciles à lire et assez puissants pour fonctionner à travers des circuits de plus de 300 kilomètres de longueur.

L'expérience a démontré que l'on peut faire passer dans le circuit, dont fait partie l'amorce fulminantes des courants électriques assez faible pour ne point produire l'inflammation de l'amorce et, néanmoins suffisants, pour permettre le contrôle de la mine et télégraphier à travers elle. Mais cette possibilité n'existant que dans des limites très étroites, il pourrait arriver, qu'un dérangement accidentel causant des interruptions dans le circuit, le courant électrique devint plus intense au point de dépasser ces limites et d'enflammer l'amorce. Pour parer à cet inconvénient grave, on a cherché à détourner les courants d'épreuve du passage par l'amorce, et l'on y est parvenu en joignant les fils conducteurs, un peu avant leur entrée dans la fusée, par un fil de platine $G\,H$ (fig. 8, planche III), excessivement mince et d'une épaisseur moindre que celle du plus mince cheveu. Dans ces conditions, le courant d'épreuve passe presqu'intégralement par le fil de platine et une partie insignifiante du courant traverse seule l'amorce.

La résistance que ce fil de platine oppose au passage de l'électricité est très faible; trois pieds de ce fil produisent la même résistance au courant d'épreuve qu'une longueur d'un mille (1,600 mètres) du circuit lui-même.

Enfin, pour se protéger plus efficacement encore contre l'éventualité d'une explosion accidentelle, pendant le passage du courant d'épreuve ou télégraphique, on a interrompu le circuit dans la partie du fil conducteur, comprise entre le pont métallique et l'entrée du fil dans la fusée. Ce qui rompt la communication avec la composition détonnante qui forme l'amorce. L'interruption du venant de la pile ou de l'appareil produisant le courant électrique, fil dont les extrémités sont réunies par une agraffe K non conductrice de l'électricité, prend le nom de golfe.

On donne le nom de charge-d'inflammation à l'ensemble de la fusée, du pont métallique, du golfe et de l'amorce.

Pour la détermination de la charge-d'inflammation, dans chaque cas donné, il faut tenir compte de la longueur du circuit, du nombre de torpilles qu'il comprend et qui doivent éclater simultanément. On détermine alors expérimentalement la tension du courant le plus faible, capable de produire, dans chaque cas, l'explosion du mélange détonnant formant l'amorce, et cela, dans l'hypothèse où il n'y aurait ni pont métallique ni golfe, et l'on considère cette tension comme une limite maximum d'intensité du courant d'épreuve, limite dont il faut se tenir très éloigné. La longueur du pont métallique étant évaluée en conséquence, on a ainsi toutes les données pour assigner les valeurs que peuvent prendre les différentes parties de la charge d'inflammation. L'on conçoit dès lors que, de même que pour une pièce d'un calibre donné, on peut préparer à l'avance la charge de la fusée du projectile creux qu'elle doit lancer, de même on peut fixer à priori les charges d'inflammation qui conviennent à tel ou tel cas donné d'emploi des torpedos-électriques.

Les charges d'inflammation sont renfermées dans des cylindres isolés d'où partent deux fils conducteurs. Au moment de leur emploi, on les place dans la mine, comme une fusée dans un obus.

L'électricité employée pour enflammer les mines est essentiellement différente, dans ses effets, de celle qui est en usage pour les épreuves.

Le courant d'épreuve, ainsi qu'on l'a déjà expliqué, passe de préférence par le pont métallique, en laissant de côté et la fusée et le golfe. Mais, lorsqu'il s'agit d'enflammer la mine, il faut évidemment que le courant électrique traverse la fusée et l'amorce qui se trouvent dans le circuit.

On obtient ce résultat en employant des courants d'électricité accumulée, pour l'inflammation de la mine.

L'expérience a fait voir que l'électricité de cette nature préfère passer par la fusée et sauter à travers le golfe, plutôt que de frayer sa voie à travers le pont.

De tous les appareils capables, sous une forme portative, de produire les courants d'électricité accumulée, nécessaires à l'inflammation de la fusée Abel, le meilleur est encore dû à Wheatstone. C'est celui qui porte le nom *d'appareil-magneto-inducteur-portatif.*

La possibilité de s'assurer à chaque instant de l'intégrité des connexions électriques et d'enflammer à volonté la mine, donne à l'emploi du torpedos un caractère de sécurité et de certitude qui en fait un des engins les plus redoutables des guerres modernes.

Après la fusée, nous avons à considérer la charge et son enveloppe.

Tous les calculs basés sur des considérations mécaniques et géométriques pour déterminer la charge du torpedos dans tel ou tel cas donné, n'ont abouti à aucun résultat pratique.

La raison en est qu'il est impossible d'évaluer, avec quelque justesse, tous les éléments qui sont en jeu, lors de l'explosion d'une torpille et de mesurer leur influence réciproque.

C'est donc à l'expérience seulement qu'il faut avoir recours pour la détermination de la charge et de la profondeur d'immersion, en vue d'un effet déterminé à produire. Toutefois, les considérations suivantes sont de nature à guider l'expérimentateur dans la recherche de la charge pour tel ou tel cas déterminé :

Il existe, en effet, un lien intime entre le poids de la charge explosive et la résistance des parois du vase qui doit la contenir. Ce poids doit être réglé de telle sorte pour une enveloppe de résistance donnée, que la combustion de la poudre soit complète lorsque cette enveloppe vient à se briser.

L'introduction de l'eau en effet s'opposera à toute combustion ultérieure au bris de l'appareil. A ce point de vue, l'emploi des liquides explosibles et des poudres à combustion très rapide, telles que le coton-poudre, la dynamite, etc., est préférable à celui de la poudre à canon.

Le poids du torpedos lui-même et, par suite, celui de la charge ne peut dépasser une certaine limite, que l'expérience seule est capable d'assigner et au delà de laquelle, l'opération de l'immersion devient trop laborieuse ou impossible. Ce poids d'ailleurs, pour les torpedos flottants, est encore influencé par cette considération que la tendance ascensionnelle s'obtient au moyen de la chambre à air dont les dimensions doivent nécessairement croître avec le poids du torpedos et conséquemment avec celui de la charge.

Enfin, il faut encore tenir compte dans la fixation de la charge des choque-torpedos destinés à former des lignes de barrage, de la nécessité d'empêcher l'ennemi de les faire éclater au moyen d'engins dits « brise-torpedos » dont la saillie sur la proue des navires peut aller jusqu'à 20 pieds. La base du cône d'explosion à la surface de l'eau doit donc avoir au moins un rayon de 20 pieds, et la charge être réglée en conséquence.

Les expériences entreprises jusqu'à ce jour dans les différents pays, et notamment, en Amérique, en Autriche, en Suède et en Hollande, dans le but d'apprécier les effets correspondant à des charges et à des profondeurs données, ne suffisent pas encore pour formuler des règles précises dans l'évaluation des charges, en vue d'un effet à produire. Toutefois, les résultats obtenus permettent déjà une approximation suffisante dans cette détermination.

Voici quelques-unes de ces expériences :

25 livres de poudre à canon, placées dans un torpedos de 0^m007 d'épaisseur de tôle de fer, immergé à 6 pieds sous l'eau contre la quille d'un vaisseau, ont produit dans sa membrure, un trou impossible à boucher.

45 livres de poudre à canon, à une profondeur de 12 pieds, contre le flanc d'un navire, ont causé une large voie d'eau.

300 livres de poudre à canon à 30 pieds sous l'eau, au dessous de la quille d'un vaisseau, ne produisent aucun effet.

500 livres de poudre à canon, à 30 pieds sous l'eau, font couler le navire.

700 livres de poudre à canon, à 42 pieds sous l'eau, produisent le même résultat.

Les conclusions à tirer de ces expériences sont les suivantes :

1° Une charge de 50 kilog. suffit pour couler un navire, quand le torpedos est placé contre ses parois ;

2° Le torpedos qui éclate contre et sous la quille d'un navire produit plus d'effet que lorsqu'il agit contre les flancs ;

3° Quand une couche d'eau est interposée entre le torpedos et la quille, la charge efficace doit être comparativement plus forte que lorsque le contact a lieu.

500 livres de poudre à canon placées à 32 pieds de profondeur et de distance latérale, ne produisent que peu ou point d'effet.

200 livres de poudre à canon placées à 22 pieds

de profondeur et de distance latérale, et 100 livres de poudre à canon placées à 16 pieds de profondeur et de distance latérale, se comportent de la même manière.

On peut conclure de là que l'effet d'une mine sous-marine ne s'étend pas à la surface de l'eau en dehors d'une circonférence décrite avec un rayon égal à la profondeur à laquelle se trouve le torpedos.

Comme conséquence, on peut former une ligne de torpedos ayant une charge de poudre de 500 livres et à une profondeur de 32 pieds, en les espaçant de 32 pieds, sans craindre que l'explosion d'un torpedos fasse éclater son voisin de droite ou de gauche. Des torpedos de 200 livres et immergés à 22 pieds et des torpedos de 100 livres à 16 pieds de profondeur, pourront être espacés de 22 et de 16 pieds également.

Les expériences américaines prouvent qu'un torpedos de 150 livres, placé à 15 pieds sous l'eau, dans une enveloppe de fonte de 1/2 pouce d'épaisseur, ne produit aucun effet à une distance de 27 1/2 pieds. Ce résultat est d'accord avec les expériences autrichiennes desquelles il résulte qu'un torpedos de 150 livres, placé à 12 pieds sous l'eau ne produit aucun effet à une distance horizontale de 30 pieds.

Comme conclusion de ces expériences, on peut établir des torpedos de 150 livres à 15 pieds de distance et à 12 ou 15 pieds de profondeur pour former un barrage.

I   6

La matière dont on a fait les torpedos a beaucoup varié. On s'est servi de coffrets de fer blanc soigneusement rivés et soudés ; de doubles coffrets de bois garnis de ferrures et enduits de poix. D'autres fois la boîte à mine se composait comme suit :

Un coffret intérieur en bois placé dans un 2ᵉ coffret en zinc soudé ; le tout protégé par un 3ᵉ coffret en bois garni de fer. Un espace de 5 à 7 milimètres rempli de suif et de poix séparait le 2ᵉ coffret de son enveloppe. Pour les petites charges on a beaucoup fait usage de bouteilles de verre renfermées dans des caisses en bois.

Aujourd'hui on n'emploie généralement plus que la tôle forte de 7 à 15 millimètres d'épaisseur, suivant les charges. Les dimensions et la forme du coffret dépendent de la charge employée, et varient d'ailleurs, suivant la destination du torpedos, suivant qu'il est ou dormant ou flottant.

La torpille dormante ou de fond a besoin d'être pesante pour reposer solidement sur le sol du chenal ou de la rade. Il est inutile de lui donner une chambre à air. La caisse doit être étanche, munie d'ouvertures et de charnières convenablement ajustées pour l'introduction de la charge, des installations de la fusée et des fils conducteurs. On termine souvent sa surface inférieure en pointe conique pour la faire entrer dans un fond dur ou l'on garnit cette surface de pointes destinées à l'empêcher d'être déplacée par le courant.

La torpille flottante a pour condition de flotter entre deux eaux ; par conséquent, le coffret doit offrir outre le logement de la charge, un espace vide dit : chambre à air et destiné à produire la force ascensionnelle capable de vaincre le poids du torpedos et d'opérer la tension du cordage, qui le retient à profondeur suffisante, sous la surface de l'eau.

Dans les eaux courantes, il faut en outre donner à la boîte du torpedos une forme telle, qu'il ne soit pas sujet à plonger, afin que le surcroit de profondeur d'immersion résultant de ce fait ne permette pas aux navires de franchir le torpedos, sans le heurter.

Au premier abord, la boîte en forme de cône renversé semble être la meilleure ; en effet, le courant rencontrant la surface du cône supposé vertical ou peu incliné, produit une composante de la vitesse qui l'anime, ayant pour effet de relever le torpedos et de l'empêcher de plonger. Cela est vrai pour les faibles courants ; mais il n'en est plus de même pour les courants de grande et de moyenne vitesse. Dans ce cas, la composante agissant obliquement de haut en bas devient nuisible et fait plonger le torpedos. Cette circonstance fâcheuse n'est pas modifiée par l'ancrage, alors même qu'il s'opère au moyen de deux chaînes partant de l'anneau d'attache du torpedos, pour aller en amont et en aval du point d'immersion se fixer à deux corps morts.

Des expériences ont prouvé que, quelque soit le

courant, un torpedos cylindrique terminé par des surfaces coniques, et relié par deux chaînes à des poids placés au fond du fleuve, à égale distance en amont et en aval du torpedos, dans la direction du courant, empêchent complétement l'appareil de plonger. Dans ce cas il faut que la distance des poids soit double et même triple de la profondeur de l'eau. La forme la moins bonne est la forme cylindrique à extrémités planes.

Il me reste à déterminer le rôle que la torpille est appelée à jouer dans la défense des ports et des places maritimes, ainsi que la portée de sa valeur tactique. Ce qu'il faut surtout éviter dans la défense des places de l'espèce, c'est la possibilité d'un bombardement par une flotte ennemie. Outre qu'il entraîne presque toujours pour l'assiégé la destruction des ressources de toute nature et des richesses accumulées dans ses arsenaux et dans ses entrepôts, il a presque toujours aussi pour résultat, lorsqu'il est bien et vigoureusement conduit, la reddition de la place. L'histoire des siéges est là pour nous dire que, sur les 74 bombardements exécutés de 1792 à 1815, 15 seulement échouèrent, parce qu'ils furent mal dirigés, souvent interrompus ou exécutés de trop loin. La guerre Prusso-Française, où le bombardement a remplacé presque partout les siéges en règle, nous démontre à satiété l'efficacité de ce redoutable mode d'attaque.

Dans les conditions ordinaires de situation géographique, les places maritimes élevées immédia-

tement sur les bords de la mer ne peuvent guères
se soustraire au bombardement par une flotte ennemie, et une pareille opération est d'autant plus
facilement réalisable par une flotte quelconque
que, de nos jours, grâce à la généralisation de
l'artillerie, les canons rayés d'une flotte sont de-
venus utilisables comme mortiers, et que tout bâtiment de guerre, à la seule condition d'épontiller
avec soin et de transporter ses canons rayés dans
des sabords à ciel ouvert, pourra coopérer au
bombardement. Mais lorsque, comme à Anvers, la
place s'élève sur les rives d'un fleuve, à une distance considérable de son embouchure; lorsque
pour y arriver, il faut entamer une navigation
difficile et dangereuse, à travers des bancs ou des
écueils peu connus, alors il est possible, sous certaines conditions, de se mettre à l'abri des effets
désastreux d'un bombardement. Les conclusions
suivantes, déduites par le contre-amiral Porter,
des faits de la guerre de la sécession, vont nous
faire connaître dans quelle mesure cette possibilité existe :

1° « Les forts, dit le contre-amiral Porter, tels
« qu'ils sont construits aux États-Unis, ne peu-
« vent pas empêcher une flotte nombreuse de
« franchir une passe ou un chenal;

2° « Le barrage partiel d'un chenal ne suffit
« pas, même avec le secours de l'artillerie, pour
« empêcher une grande flotte de passer. »

L'expérience, en effet, a démontré que le bombardement de ces forts par l'artillerie de la flotte,

combiné avec une tentative énergique de passage à toute vapeur, a généralement eu pour résultat, le transport de la flotte ennemie au delà du rayon d'action de l'artillerie des forts.

Il est certain qu'avec des forts casematés et à l'abri de la bombe, ou possédant des tours à coupole, on obtiendrait une défense par l'artillerie, beaucoup plus efficace du chenal, mais, eu égard à la difficulté d'entamer la cuirasse des monitors ennemis et au peu de temps durant lequel ces navires, marchant à toute vapeur, seraient exposés au feu de l'artillerie, on peut dire que, même avec des forts tels que nous les construisons de nos jours, le passage du chenal ne saurait être interdit d'une façon absolue à la flotte ennemie.

Le contre-amiral Porter ajoute : « Si, dans les « conditions précédentes, il y a des défenses « sous-marines dans le chenal ou dans la passe, « il devient possible d'empêcher une flotte de passer. »

Le caractère essentiel des torpedos est donc, dans les cas que nous venons de considérer, de compléter la défense, au point de la rendre supérieure à l'attaque.

« Une flotte, dit le colonel Von Scheliha, ne « peut forcer une passe gardée par de puissantes « batteries et des barrages convenablement cons- « truits et non interrompus. »

A cet égard, le colonel Brialmont, s'appuyant sur les faits de la guerre d'Amérique, fait observer que la défense par l'artillerie des barrages

les mieux constitués, peut échouer néanmoins,
et, qu'il est prudent de la consolider par le concours de quelques bâtiments cuirassés, monitors
et béliers. A l'appui de cette opinion sur la valeur
de ces bâtiments dans la défense maritime, il cite
le fait suivant: A l'attaque, du fort Morgan,
alors que Ferragut, ayant forcé les passes de Mobile, s'avançait en vainqueur, il se trouva en
présence du bélier confédéré « Tennessée » qui,
secondé par quelques canonnières, soutint pendant un temps si considérable tout l'effort de la
flotte fédérale, qu'il est à présumer que, si les
confédérés avaient possédé plusieurs bâtiments
de cette espèce, les assaillants eussent dû battre
en retraite.

De ce qui précède, il résulte qu'il ne faudrait
pas accorder une confiance absolue à la défense
exclusive des passes par de puissantes batteries
et des barrages convenablement construits. Il me
paraît que, dans ce cas, comme dans ceux que
déjà nous avons envisagés, un nombre suffisant
de torpilles coulées dans la passe, la rendrait in-
franchissable. Il faut remarquer, en effet, que
dès que le barrage cède en quelqu'endroit, et cette
éventualité n'est pas impossible, on peut, ainsi
que nous l'avons vu précédemment, considérer la
passe comme forcée; tandis qu'au fur et à mesure de l'explosion des torpilles sous le choc des
vaisseaux ennemis, ceux-ci, en s'abîmant dans
les flots obstruent de plus en plus le passage et
s'opposent au mouvement subséquent des navires

qui suivent, lesquels, se trouvant ainsi longtemps arrêtés sous le feu de l'artillerie à grande puissance, devront se résoudre, sous peine de destruction certaine, à se retirer et à battre définitivement en retraite.

Quoiqu'il en soit, il paraît hors de doute qu'une défense éclectique des passes, basée sur l'emploi simultané de forts casematés et à l'abri de la bombe, de tours à coupole, de batteries basses, de barrages non interrompus et de défenses sous-marines, à laquelle, outre le concours de quelques monitors et béliers, nous voudrions adjoindre le lancement de torpedos sous l'eau, ne laisserait absolument rien à désirer.

Le projet de défense de l'Escaut à hauteur du fort Philippe, tel qu'il se trouve consigné dans le traité de fortification polygonale du colonel Brialmont, constitue une application remarquable de ces principes. Il suffira au lecteur de jeter un coup-d'œil sur le plan détaillé de cette défense, pour acquérir la conviction que, s'il était possible à une flotte, quelque puissante et nombreuse qu'elle pût être, de forcer une passe défendue d'une manière aussi formidable, il faudrait désespérer de pouvoir jamais mettre une place maritime à l'abri d'un bombardement.

On peut donc dire avec raison que les torpilles sont le complément indispensable de toute défense maritime.

Une dernière question : un barrage uniquement formé de torpedos suffit-il pour défendre efficacement une passe? On est tenté de se prononcer pour la négative quand on se rappelle que l'entrée de la baie de Mobile, défendue par des lignes de torpedos a été forcée par l'amiral Ferragut, qui, à la vérité, y perdit trois monitors. Mais on peut répondre à cela que si les torpilles vers lesquelles Ferragut, jouant le tout pour le tout, a si audacieusement gouverné, n'avaient pas été détériorées par un trop long séjour dans l'eau, le résultat de cette attaque eut pû tourner à la honte des fédéraux. Quoiqu'il en soit, on ne saurait se fier exclusivement à la défense des passes par les torpedos seuls. Ils peuvent en effet, être dérangés ou dispersés par une violente tempête.

Dans certains cas même, le sacrifice de quelques navires laissera la passe sans défense, lorsque celle-ci aura assez de profondeur pour empêcher les navires coulés à fond de faire obstacle à la marche de ceux qui les suivent.

Si nous rapprochons notre jugement sur la torpille considérée comme agent de la défense, de celui que nous avons porté sur cet engin envisagé comme moyen d'attaque, nous arrivons à cette conclusion finale : de tous les agents maritimes d'attaque et de défense, la torpille est, tout à la fois, le plus simple, le plus économique, le plus redoutable et le plus radicalement efficace.

FIN.

ERRATA.

Planche III ; figure 5.

Le défaut d'espace n'a pas permis de placer les torpilles A^1, A^2, A^3, A^4 et A^5 respectivement sur les prolongements des diamètres 1,1 ; 2,2 ; 3,3 ; 4,4 et 5,5, ainsi que l'indique le texte, page 71, 9e ligne. Le lecteur est prié de faire en pensée cette rectification.

Planche II, figure 1 ; au lieu du chiffre 6, lisez b

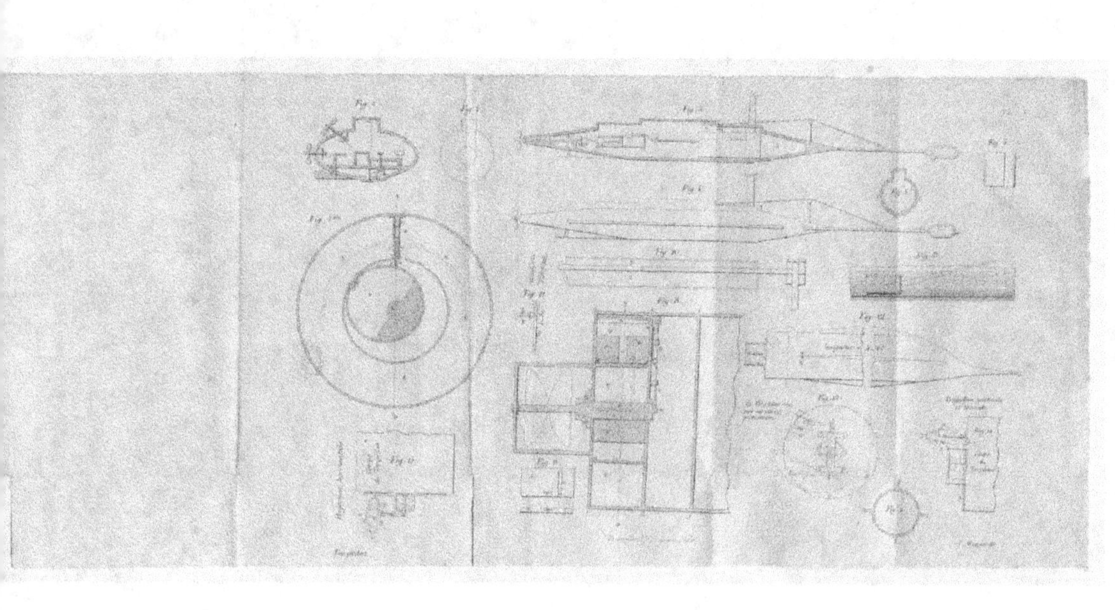

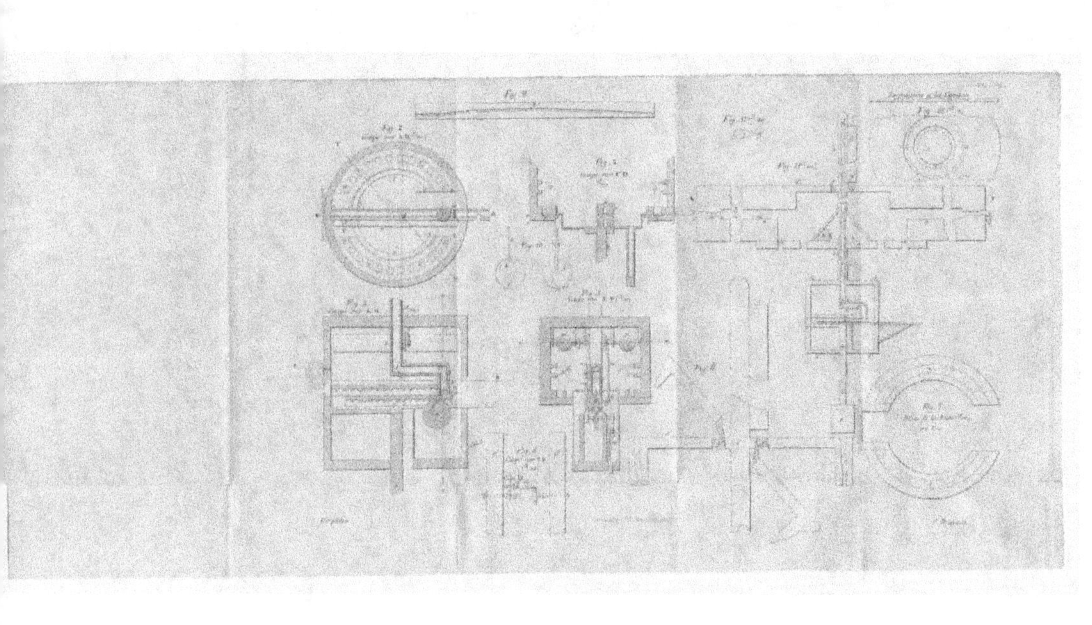